普通高等教育"十三五"规划教材

服务外包产教融合系列教材

主编 迟云平　副主编 宁佳英

基于JUnit单元测试应用技术

● 主　编　林若钦

华南理工大学出版社
SOUTH CHINA UNIVERSITY OF TECHNOLOGY PRESS
·广州·

图书在版编目(CIP)数据

基于 JUnit 单元测试应用技术/林若钦主编 . —广州：华南理工大学出版社，2017.9
(2019.1 重印)
(服务外包产教融合系列教材/迟云平主编)
ISBN 978 − 7 − 5623 − 5406 − 2

Ⅰ. ①基… Ⅱ. ①林… Ⅲ. ①JAVA 语言 − 程序设计 − 教材 Ⅳ. ①TP312

中国版本图书馆 CIP 数据核字(2017)第 228286 号

基于 JUnit 单元测试应用技术
林若钦　主编

出 版 人：	卢家明
出版发行：	华南理工大学出版社
	(广州五山华南理工大学 17 号楼，邮编 510640)
	http：//www.scutpress.com.cn　E-mail：scutc13@ scut.edu.cn
	营销部电话：020 − 87113487　87111048 (传真)
总 策 划：	卢家明　潘宜玲
执行策划：	詹志青
责任编辑：	刘　锋　詹志青
印 刷 者：	佛山市浩文彩色印刷有限公司
开　　本：	787mm×1092mm　1/16　印张：15　字数：378 千
版　　次：	2017 年 9 月第 1 版　2019 年 1 月第 2 次印刷
印　　数：	1001～2 000 册
定　　价：	36.00 元

版权所有　盗版必究　印装差错　负责调换

"服务外包产教融合系列教材"
编审委员会

顾　　问：曹文炼（国家发展和改革委员会国际合作中心主任，研究员、
　　　　　　教授、博士生导师）
主　　任：何大进
副 主 任：徐元平　迟云平　徐　祥　孙维平　张高峰　康忠理
主　　编：迟云平
副 主 编：宁佳英
编　　委（按姓氏拼音排序）：
　　　　蔡木生　曹陆军　陈翔磊　迟云平　杜　剑　高云雁　何大进
　　　　胡伟挺　胡治芳　黄小平　焦幸安　金　晖　康忠理　李俊琴
　　　　李舟明　廖唐勇　林若钦　刘洪舟　刘志伟　罗　林　马彩祝
　　　　聂　锋　宁佳英　孙维平　谭瑞枝　谭　湘　田晓燕　王传霞
　　　　王丽娜　王佩锋　吴伟生　吴宇驹　肖　雷　徐　祥　徐元平
　　　　杨清延　叶小艳　袁　志　曾思师　查俊峰　张高峰　张　芒
　　　　张文莉　张香玉　张　屹　周　化　周　伟　周　璇　宗建华

评审专家：
　　　　周树伟（广东省产业发展研究院）
　　　　孟　霖（广东省服务外包产业促进会）
　　　　黄燕玲（广东省服务外包产业促进会）
　　　　欧健维（广东省服务外包产业促进会）
　　　　梁　茹（广州服务外包行业协会）
　　　　刘劲松（广东新华南方软件外包有限公司）
　　　　王庆元（西艾软件开发有限公司）
　　　　迟洪涛（国家发展和改革委员会国际合作中心）
　　　　李　澍（国家发展和改革委员会国际合作中心）
总 策 划：卢家明　潘宜玲
执行策划：詹志青

总　序

发展服务外包，有利于提升我国服务业的技术水平、服务水平，推动出口贸易和服务业的国际化，促进国内现代服务业的发展。在国家和各地方政府的大力支持下，我国服务外包产业经过10年快速发展，规模日益扩大，领域逐步拓宽，已经成为中国经济增长的新引擎、开放型经济的新亮点、结构优化的新标志、绿色共享发展的新动能、信息技术与制造业深度整合的新平台、高学历人才集聚的新产业，基于互联网、物联网、云计算、大数据等一系列新技术的新型商业模式应运而生，服务外包企业的国际竞争力不断提升，逐步进入国际产业链和价值链的高端。服务外包产业以极高的孵化、融合功能，助力我国航天服务、轨道交通、航运、医药、医疗、金融、智慧健康、云生态、智能制造、电商等众多领域的不断创新，通过重组价值链、优化资源配置降低了成本并增强了企业核心竞争力，更好地满足了国家"保增长、扩内需、调结构、促就业"的战略需要。

创新是服务外包发展的核心动力。我国传统产业转型升级，一定要通过新技术、新商业模式和新组织架构来实现，这为服务外包产业释放出更为广阔的发展空间。目前，"众包"方式已被普遍运用，以重塑传统的发包/接包关系，战略合作与协作网络平台作用凸显，从而促使服务外包行业人员的从业方式发生了显著变化，特别是中高端人才和专业人士更需要在人才共享平台上根据项目进行有效整合。从发展趋势看，服务外包企业未来的竞争将是资源整合能力的竞争，谁能最大限度地整合各类资源，谁就能在未来的竞争中脱颖而出。

广州大学华软软件学院是我国华南地区最早介入服务外包人才培养的高等院校，也是广东省和广州市首批认证的服务外包人才培养基地，还是我国服务外包人才培养示范机构。该院历年毕业生进入服务外包企业从业平均比例高达66.3%以上，并且获得业界高度认同。常务副院长迟云平获评2015年度服务外包杰出贡献人物。该院组织了近百名具有丰富教学实践经验的一线教师，历时一年多，认真负责地编写了软件、网络、游戏、数码、管理、财务等专业的服务外包系列教材30余种，将对各行业发展具有引领作用的服务外包相关知识引入大学学历教育，着力培养学生对产业发展、技术创新、模式创新和产业融合发展的立体视角，同时具有一定的国际视野。

当前，我国正在大力推动"一带一路"建设和创新创业教育。广州大学华软软件学院抓住这一历史性机遇，与国家发展和改革委员会国际合作中心合作成立创新创业学院和服务外包研究院，共建国际合作示范院校。这充分反映了华软软件学院领导层对教育与产业结合的深刻把握，对人才培养与产业促进的高度理解，并愿意不遗余力地付出。我相信这样一套探讨服务外包产教融合的系列教材，一定会受到相关政策制定者和学术研究者的欢迎与重视。

借此，谨祝愿广州大学华软软件学院在国际化服务外包人才培养的路上越走越好！

国家发展和改革委员会国际合作中心主任

2017年1月25日于北京

前言

全球软件外包市场规模已达上千亿美元,中国 IT 外包服务市场一直高速增长。软件服务外包业是以技术密集程度高、技术进步速度快为显著特点的产业。软件外包为中国软件业带来的不仅仅是经济发展的机会,还有先进的软件开发管理流程,以及严格的软件质量控制体系。通过发展软件外包产业,我国的软件产业将逐渐告别手工作坊式的时代,进入工程化、规模化的开发领域。随着敏捷开发方法的普及,测试驱动开发、基于代码单元的软件测试越来越受到重视。

单元测试(unit testing),是指对软件中的最小可测试单元进行检查和验证。对于单元测试中单元的含义,一般要根据实际情况去判定,如 C 语言中单元指一个函数,Java 里单元指一个类,图形化的软件中可以指一个窗口或一个菜单等。总之,单元就是人为规定的最小的被测功能模块。单元测试是在软件开发过程中要进行的最低级别的测试活动。软件的独立单元将在与程序的其他部分相隔离的情况下进行测试。

单元测试活动包括代码走读(code review)、静态分析(static analysis)和动态分析(dynamic analysis)。静态分析就是对软件的源代码进行研读,查找错误或收集一些度量数据,并不需要对代码进行编译和执行。动态分析则通过观察软件运行时的动作,提供执行跟踪、时间分析以及测试覆盖度方面的信息。

随着一些新的开发方法(如敏捷开发)的普及和应用,软件外包行业对软件质量的要求越来越高,单元测试越来越受到业界的重视。本书主要介绍单元测试的概念,以及一些常用的框架和使用的方法。包括五个部分:

第一部分:单元测试基础。包含第 1 章软件外包与软件测试;第 2 章

JUnit；第3章测试覆盖率。

第二部分：单元测试策略。包含第4章Stub与Mock Object技术；第5章EasyMock与Jmock的使用。

第三部分：构建工具的使用。包含第6章Ant的使用；第7章Maven的使用。

第四部分：单元测试的扩展应用。包含第8章服务器端应用测试；第9章数据库访问测试。

第五部分：商业测试工具应用。包含第10章商业单元测试工具的使用。

本书由实际教学案例整合编写而成，其中借鉴或参考了业界同行、专家的意见或方法。感谢软件测试方向组老师的支持。由于时间和编者学识所限，书中不足之处敬请诸位同行、专家和读者指正。

编　者

2016年11月

目 录

1 软件外包与软件测试 ……………………………………………………… 1
   1.1 软件外包概述 ………………………………………………………… 1
   1.2 软件质量控制 ………………………………………………………… 2
   1.3 敏捷开发与测试 ……………………………………………………… 4
   1.4 单元测试 ……………………………………………………………… 5

2 JUnit ……………………………………………………………………… 13
   2.1 JUnit 简介 …………………………………………………………… 13
   2.2 用 JUnit 编写测试代码 ……………………………………………… 15
   2.3 用 JUnit 编写测试套件 ……………………………………………… 22
   2.4 参数化测试运行器 …………………………………………………… 24
   2.5 异常测试 ……………………………………………………………… 25
   2.6 Hamcrest ……………………………………………………………… 28

3 测试覆盖率 ………………………………………………………………… 33
   3.1 覆盖率简介 …………………………………………………………… 33
   3.2 代码覆盖率的分类及测试目的 ……………………………………… 34
   3.3 代码覆盖率工具的使用 ……………………………………………… 37

4 Stub 与 Mock Object 技术 ……………………………………………… 46
   4.1 使用 Stub 进行粗粒度测试 ………………………………………… 46
   4.2 使用 Mock Object 进行细粒度测试 ………………………………… 58

5 EasyMock 与 Jmock 的使用 ……………………………………………… 63
   5.1 EasyMock 的使用 …………………………………………………… 63
   5.2 JMock 的使用 ………………………………………………………… 70

6 Ant 的使用 ………………………………………………………………… 82
   6.1 Ant 简介 ……………………………………………………………… 82
   6.2 Ant 的安装与配置 …………………………………………………… 82
   6.3 Ant 命令介绍 ………………………………………………………… 84
   6.4 Ant 目标、项目、属性以及任务 …………………………………… 85
   6.5 Ant 和 Eclipse 集成 ………………………………………………… 97
   6.6 从 Ant 中运行 JUnit 测试 …………………………………………… 99

    6.7　Ivy 的使用 …………………………………………………………… 101
7　Maven 的使用 …………………………………………………………… 104
    7.1　Maven 简介 …………………………………………………………… 104
    7.2　Maven 的设计理念 …………………………………………………… 105
    7.3　Maven 的生命周期 …………………………………………………… 108
    7.4　Maven 命令 …………………………………………………………… 111
    7.5　Maven 仓库 …………………………………………………………… 114
    7.6　settings.xml 配置文件详解 …………………………………………… 120
    7.7　使用 Maven 进行 JUnit 测试 ………………………………………… 128
8　服务器端应用测试 ……………………………………………………… 138
    8.1　Cactus 简介 …………………………………………………………… 138
    8.2　用 Cactus 进行测试 …………………………………………………… 141
9　数据库访问测试 ………………………………………………………… 161
    9.1　隔离数据库测试业务逻辑 …………………………………………… 161
    9.2　HSQLDB 数据库 ……………………………………………………… 170
    9.3　DbUnit ………………………………………………………………… 180
10　商业单元测试工具的使用 ……………………………………………… 190
    10.1　Jtest 的介绍 ………………………………………………………… 190
    10.2　Jtest 的静态测试 …………………………………………………… 194
    10.3　使用 Jest RuleWizard 自定义代码检测规则 ……………………… 206
    10.4　BugDetective 静态代码分析 ………………………………………… 218
    10.5　Jtest 自动化动态测试 ……………………………………………… 222

1 软件外包与软件测试

1.1 软件外包概述

软件外包是指一些发达国家的软件公司将一些非核心的软件项目通过外包的形式交给人力资源成本相对较低国家的公司开发，以达到降低软件开发成本的目的。众所周知，软件开发的成本中70%是人力资源成本，所以，降低人力资源成本将有效地降低软件开发的成本。

中国产业调研网发布的2016—2020年《中国软件外包行业现状调研分析与发展趋势预测报告》认为，我国软件外包业目前依然呈高度分散的格局，外包市场集中度较低，外包企业相对规模较小，缺少与世界顶级企业规模相媲美的大型企业，也尚未出现一家服务外包收入超过10亿美元的国内企业，这导致我国不能有效地获取大型外包和集成项目。其次，由于我国软件外包中60%是对日外包，且以低成本、低利润率取胜，企业主营盈利率都不高。近几年，我国软件外包企业一直试图向回报率较高的欧美市场扩张，突破印度外包企业在这些市场的主导地位，但效果一直不佳。

我国软件业自主创新能力不太强，核心技术受控于美、日等大国，使国内外包软件企业要从"中国制造"到"中国创造"的转变面临较大压力。另外，受工资成本大幅提升、人民币升值、欧美经济发展趋缓等影响，我国软件外包业务出现成本上升、利润下降的趋势。人力成本近几年成为我国服务外包企业最大的支出，已占营业收入的60%~70%。

软件外包企业主要集中于北京、南京、上海、深圳等大城市。这几个地区的共同特点是拥有良好的城市基础设施建设与产业配套基础，拥有当地政府在政策上的大力支持、良好的市场竞争环境、一大批通晓外语的软件人才，具备较强的创新能力，软件企业在此形成了群体优势，并已形成了较为完整的软件产业链。近年来国家在促进软件出口方面的扶持力度有所增强。经国家发改委、商务部和信息产业部批准，建立了北京、深圳、上海、南京等国家软件出口基地，创造了良好的政策、人才、技术、资金、市场和出口条件，充分发挥集聚效应和规模优势，形成了以国家软件出口基地中的国际化软件企业为龙头，辐射周边地区，带动全国软件出口的产业格局。

1.2 软件质量控制

软件外包将为中国软件业带来的，不仅仅是经济发展的机会，还有先进的软件开发管理流程，以及严格的软件质量控制体系。通过发展软件外包产业，中国的软件产业将逐渐告别手工作坊式的时代，进入工程化、规模化的开发领域。软件质量控制则成为软件外包一个核心的竞争力。

1.2.1 软件外包与质量管理

质量管理在软件外包中极其重要。软件质量是软件企业的生命，软件质量是我国软件企业进入国际外包市场的前提条件和"通行证"。在软件外包中软件质量管理主要是对承包方质量进行管理，主要包括：

(1) 承包方对质量、进度、成本控制规划的能力。

(2) 承包方业务能力、交流能力、承包渠道、商业信誉。

(3) 要求承包方建立软件质量保证(SQA)组织，如图1-1所示。

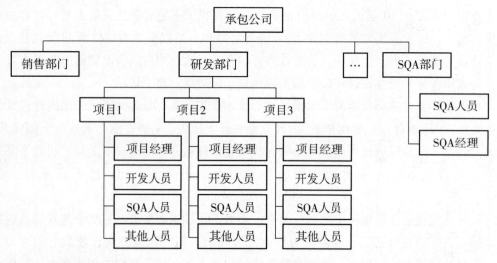

图1-1　SQA的组织结构

(4) 要求承包方建立有效的SQA流程，如图1-2所示。

(5) 加强软件质量控制(SQC)工作，要求通过软件测试来实现SQC。

(6) 建立健全的文档体系，追求文档的完整性、一致性、连续性、及时性。

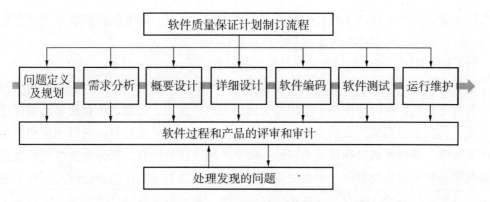

图 1-2 全生命周期的离岸外包软件的 SQA 流程

1.2.2 软件质量控制

软件外包的质量指软件产品满足用户需求的程度，包括功能需求、性能需求、稳定性、安全性和技术先进性需求、支持和服务需求等。达到客户的质量要求是外包业务的基本要求。以软件外包开发项目为例，接包方质量控制的常用方法如下：

按软件生命周期，每个阶段结束时实行质量控制。

(1) 需求分析：审查需求规格说明书。

需求分析是软件项目正式实施开始的第一个阶段，需求分析应该遵循可行性分析确定的基调，包括技术路线、产品基本功能、产品运行环境及市场定位。需求分析主要应完成对用户应用流程的描述，即完成商业逻辑分析。并根据商业逻辑的需要确定软件的功能列表及描述。

(2) 概要设计：审查软件的结构。

概要设计是一个设计师根据用户交互过程和用户需求形成交互框架和视觉框架的过程，其结果往往以反映交互控件布置、界面元素分组以及界面整体版式的页面框架图的形式来呈现。这是一个在用户研究和设计之间架起桥梁，使用户研究和设计无缝结合，将用户目标与需求转换成具体界面设计解决方案的重要阶段。审查把需求分析得到的系统扩展用例图转换为软件结构和数据结构。

(3) 详细设计：审查模块内部的数据结构、算法和接口。

详细设计是总体设计的继续，主要目的是完成总体设计对象内部的商业逻辑的实现设计，在总体设计完成后可以将不同的设计对象交由不同的设计人员来完成。原则上，在开始软件编码之前应完成所有的设计细节，避免在编码中进行设计工作。详细设计是编码及软件模块测试的基础。

(4) 编码及代码测试。

编码是软件详细设计的一种再现，编码中最重要的是要遵从相关开发工具的设计规范及数据库设计规范。另外，养成良好的编程习惯是一个软件公司和软件编程人员最基本的职业素质。对于软件应用可靠性要求严格的应用软件，所有软件模块必须通过模块测试，对一般应用软件中的重要模块也应进行模块测试。

(5) 集成测试：模块间的集成、处理流程、接口。

集成测试是一种正规测试过程，必须精心计划，并与单元测试的完成时间协调起来。在制定测试计划时列出各个模块的编制、测试计划表，标明每个模块单元测试完成的日期、首次集成测试的日期、集成测试全部完成的日期以及需要的测试用例和所期望的测试结果。集成测试是在单元测试的基础上，测试在将所有的软件单元按照概要设计规格说明的要求组装成模块、子系统或系统的过程中各部分工作是否达到或实现相应技术指标及要求的活动。换言之，在集成测试之前，单元测试应该已经完成，集成测试中所使用的对象应该是已经过单元测试的软件单元。这一点很重要，因为如果不经过单元测试，那么集成测试的效果将会受到很大影响，并且会大幅增加软件单元代码纠错的代价。

(6) 确认测试：系统测试，根据验收要求测试。

确认测试的目的是向未来的用户表明系统能够像预定要求的那样工作。经集成测试后，已经按照设计把所有的模块组装成一个完整的软件系统，接口错误也已经基本排除，接着就应该进一步验证软件的有效性，这就是确认测试的任务，即软件的功能和性能如同用户所合理期待的那样。

1.3 敏捷开发与测试

随着软件外包市场的竞争越来越激烈，大量的软件公司采用了敏捷开发方法。敏捷开发方法以用户的需求进化为核心，采用迭代、循序渐进的方法进行软件开发。在敏捷开发中，软件项目在构建初期被切分成多个子项目，各个子项目的成果都经过测试，具备可视、可集成和可运行使用的特征。换言之，就是把一个大项目分为多个相互联系但也可独立运行的小项目，并分别完成，在此过程中软件一直处于可使用状态。

敏捷开发是针对传统的瀑布开发模式的弊端，而产生的一种新的开发模式，目标是提高开发效率和响应能力。在建立模型时，就要不断问该如何测试它，如果没办法测试正在开发的软件，就根本不应该开发它。在现代的各种软件开发过程中，测试和质保（quality assurance）活动都贯穿于整个项目生命周期，一些过程更是提出了"在编写软件之前先编写测试"的概念（这是 XP 的一项实践：测试优先）。

在敏捷开发中，测试为开发过程的一部分，敏捷开发提倡不同层次的自动化测试。图 1-3 所示为测试金字塔。单元测试/组件测试在金字塔的最下层，是分层自动化测试的基石，成本最低，缺陷容易定位。

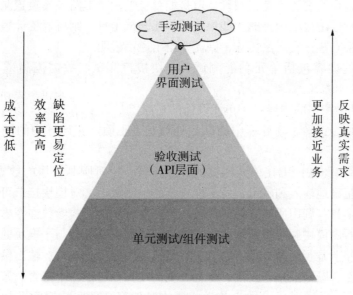

图1-3 测试金字塔

1.4 单元测试

单元测试是对软件基本组成单元/模块进行的测试,又称为模块测试。基本单元/模块可以是函数、类实例、方法、存储过程,也可以是任何具有明确功能、规格定义、明确接口定义并且其规模一般比较小的程序代码模块的组合体。单元测试的重点在于发现程序设计或实现的逻辑错误,使问题及早暴露,便于问题的定位解决。

1.4.1 单元测试概述

单元测试(模块测试)是编写的一小段代码,用于检验被测代码的一个很小的、很明确的功能是否正确。通常而言,一个单元测试是用于判断某个特定条件(或者场景)下某个特定函数的行为。

单元测试中多采用白盒测试和黑盒测试相结合的方法,既关注单元功能,也关注程序模块的逻辑结构。两者结合起来,既可以避免由于过多关注路径而导致测试工作量很大的问题,又可以避免因从外部设计测试用例而可能丢失一些路径的问题。单元测试的重点应该以功能测试为主,同时统计测试的覆盖率,并且测试模块的输入/输出接口、内部的数据流是否正确等。

功能测试主要测试模块是否正确实现了设计要求的功能,以及有无遗漏的功能。这里有一个功能覆盖的概念。因为被测试模块可能包括多个功能点,在做测试时,设计测试用例要覆盖这些功能点,以保证这些功能点能通过测试。一般要求功能100%覆盖。覆盖率一般包括语句覆盖率和分支覆盖率(又称判断覆盖率),同时要求测试所有的关键路径。关键路径的表达不是很明确，但是如果要求做基本路径集覆盖测试，即使是一个比较小的模块也是很难做到的。如果使用单元测试工具，则可以统计覆盖率。单元测试结束后，如果有些分支无法覆盖，则需要给出原因说明。

单元测试的内容包括单元功能测试、模块接口测试、数据流测试、逻辑路径测试等。

（1）单元功能测试的内容：①单元设计的功能点是否全部实现。②运算的优先级和先后执行顺序是否正确。③计算中精度的处理是否正确。④计算中的误差是否会无限放大。

（2）模块接口测试：①在单元测试的开始阶段，应对所测模块的数据流进行测试。如果数据不能正确地输入和输出，就不能进行其他测试。②对模块接口可能需要进行下面的测试外包项目：调用所测模块时的输入参数与模块的形式参数在个数、属性、顺序上是否匹配；所测模块调用子模块时，它输入给子模块的参数与子模块的形式参数在个数、属性、顺序上是否匹配；是否修改了只做输入用的形式参数；输出给标准函数的参数在个数、属性、顺序上是否正确；全局变量的定义在各模块中是否一致。

（3）限制是否通过形式参数来传送。模块对外部文件、数据库进行输入/输出时，必须对文件操作进行测试。例如，缓冲区的大小、是否在读写文件前打开文件，在结束前关闭文件等。

（4）内部数据流测试包括以下几点：不正确或不一致的数据类型说明；使用尚未赋值或尚未初始化的变量；错误的初始值或错误的默认值；变量名拼写错误或书写错误；不一致的数据类型；全局变量对模块是否产生影响。

（5）逻辑路径测试包括以下几点：是否到达重要的功能点路径；逻辑判断的边界点是否正确；异常/错误处理。

比较完善的模块设计要求能预见异常或出错的条件，并设置适当的异常处理和出错处理机制，以便在程序出现异常或错误时，能对出错程序重新安排，保证逻辑上的正确性。重点应该考虑下面几个问题：①异常或出错的描述是否可以理解；②异常处理是否合理、出错后对错误的定位是否准确；③提示的错误与实际的错误是否一致；④对错误条件的处理是否正确。

以上提到的很多内容在编码规范或代码检查单中大多已经包含，如果模块在进入单元测试之前，已经进行了桌前检查(desk checking)和同行评审，则模块中潜在的缺陷就可能比较少。

单元测试过程包括计划、设计、执行、评审等几个步骤，分述如下：

• 计划：确定测试需求，制订测试策略，确定测试所用资源（如人员、设备等），创建测试任务的时间表。这部分工作可以简单描述。

• 设计：设计单元测试模型，制订测试方案，制订具体的测试用例，创建可重用的测试脚本。

• 执行：执行测试用例，对单元模块进行测试，验证测试的结果并记录测试过程中出现的缺陷。

• 评审：对单元测试的结果进行评审，主要进行测试完备性评估。

由于单元模块往往不是一个独立的程序，在设计时，要考虑单元模块与其他模块的联系，用桩模块和驱动模块模拟所测模块相联系的其他模块。由被测试模块、驱动模块和桩模块共同构成可运行的程序。

1.4.2 单元测试用例设计

模块单元设计完毕，下一个开发阶段就是设计单元测试。值得注意的是，如果在书写代码之前设计测试，测试设计就会显得更加灵活。一旦代码完成，对软件的测试可能会倾向于测试该段代码在做什么（这根本不是真正的测试），而不是测试其应该做什么。单元测试说明实际上由一系列单元测试用例组成，每个测试用例应该包含4个关键元素。

- 被测单元模块初始状态声明，即测试用例的开始状态。
- 被测单元的输入，包含由被测单元读入的任何外部数据值。
- 该测试用例实际测试的代码，用被测单元的功能和测试用例设计中使用的分析来说明，如：单元中哪一个决策条件被测试。
- 测试用例的期望输出结果总是应该在测试进行之前在测试说明中定义。

进行测试用例设计有以下几个过程。

1. 运行被测单元

任何单元测试说明的第一个测试用例应该是以一种可能的简单方法执行被测单元。看到被测单元第一个测试用例运行成功可以增强人的自信心。如果不能正确执行，最好选择一个尽可能简单的输入对被测单元进行测试/调试。

这个阶段适合的技术有：
- 模块设计导出的测试；
- 对等区间划分。

2. 正面测试（positive testing）

正面测试的测试用例用于验证被测单元能够执行应该完成的工作。测试设计者应该查阅相关的设计说明；每个测试用例应该测试模块设计说明中一项或多项陈述。如果涉及多个设计说明，最好使测试用例的序列对应一个模块单元的主设计说明。

适合的技术：
- 设计说明导出的测试；
- 对等区间划分；
- 状态转换测试。

3. 负面测试（negative testing）

负面测试用于验证软件是否执行其不应完成的工作。这一步骤主要依赖于错误猜测，需要依靠测试设计者的经验判断可能出现问题的位置。

适合的技术有：
- 错误猜测；
- 边界值分析；
- 内部边界值测试；
- 状态转换测试。

4. 设计需求中其他测试特性用例设计

如果需要，应针对性能、余量、安全需要、保密需求等设计测试用例。

在有安全保密需求的情况下，重视安全保密分析和验证是方便的。针对安全保密问题的测试用例应该在测试说明中进行标注。同时应该加入更多的测试用例测试所有的保密和安全冒险问题。

适合的技术：设计说明导出的测试。

5. 覆盖率测试用例设计

应该或已有测试用例所达到的代码覆盖率。增加更多的测试用例到单元测试说明中以达到特定测试的覆盖率目标。一旦覆盖测试设计好，就可以构造测试过程和执行测试。覆盖率测试一般要求语句覆盖率和分支覆盖率。

适合的技术：
- 分支测试；
- 条件测试；
- 数据定义——使用测试；
- 状态转换测试。

6. 测试执行

使用上述 5 个步骤设计的测试说明在大多数情况下可以实现比较完整的单元测试。

到这一步，就可以使用测试说明构造实际的测试过程和用于执行测试的测试过程。该测试过程可能是特定测试工具的一个测试脚本。

测试过程的执行可以查出模块单元的错误，然后进行修复和重新测试。在测试过程中的动态分析可以产生代码覆盖率测量值，以指示覆盖目标已经达到。因此需要在测试设计说明中增加一个完善代码覆盖率的步骤。

7. 完善代码覆盖

由于模块单元的设计文档规范不一，测试设计中可能引入人为的错误，测试执行后，复杂的决策条件、循环和分支的覆盖率目标可能并没有达到，这时需要进行分析找出原因，导致一些重要执行路径没有被覆盖的可能原因有：

- 不可行路径或条件——应该标注测试说明证明该路径或条件没有测试的原因。
- 不可到达或冗余代码——正确处理方法是删除这种代码。这种分析容易出错，特别是使用防卫式程序设计技术(defensive programming techniques)时，如有疑义，这些防卫性程序代码就不要删除。
- 测试用例不足——应该重新提炼测试用例，设计更多的测试用例添加到测试说明中以覆盖没有执行过的路径。

理想情况下，覆盖完善阶段应该在不阅读实际代码的情况下进行。然而，实际上，为达到覆盖率目标，看一下实际代码也是需要的。覆盖完善步骤的重要程度相对小一些。最有效的测试来自于分析和说明，而不是来自于试验，依赖覆盖完善步骤补充一份不好的测试设计。适合的技术：

- 分支测试；
- 条件测试；

- 设计定义——试验测试；
- 状态转换测试。

注意到前面产生测试说明步骤可以用下面的方法完成：

通常应该避免依赖先前测试用例的输出，测试用例的执行序列早期发现的错误可能导致其他的错误而减少测试执行时实际测试的代码量。

测试用例设计过程中，包括作为试验执行这些测试用例时，常常可以在软件构建前就发现 Bug。还有可能在测试设计阶段比测试执行阶段发现更多的 Bug。

在整个单元测试设计中，主要的输入应该是被测单元的设计文档。在某些情况下，需要将试验实际代码作为测试设计过程的输入，测试设计者必须意识到不是在测试代码本身。从代码构建出来的测试说明只能证明代码执行完成的工作，而不是代码应该完成的工作。

测试用例设计技术从大的方面可分为 3 类：

（1）黑盒测试：使用单元接口和功能描述，不需了解被测单元的内部结构。使用详细设计导出测试用例。

采用黑盒测试的目的主要是：检查功能是否实现或遗漏；检查人机界户是否错误；数据结构或外部数据库访问错误；性能等其他特性要求是否满足；初始化盒终止错误。

（2）白盒测试：使用被测单元内部如何工作的信息，使用程序设计的控制结构导出测试用例。

采用白盒测试的目的主要是：保证一个模块中的所有独立路径至少被执行一次；对所有的逻辑值均需要测试真、假两个分支；在上下边界及可操作范围内运行所有循环；检查内部数据结构以确保其有效性。

（3）灰盒测试：借助于源代码和测试工具等手段，通过黑盒和白盒测试相结合的方法进行测试的技术。测试设计最重要的因素是经验和常识。测试设计者不应该让某种测试技术阻碍经验和常识的运用。

1.4.3 单元测试的特点

（1）它是一种验证行为。程序中的每一项功能都是测试以验证它的正确性，为以后的开发提供支援，就算是开发后期，也可以轻松地增加功能或更改程序结构，而不用担心这个过程中会破坏重要的东西。而且它为代码的重构提供了保障。这样，我们就可以更自由地对程序进行改进。

（2）它是一种设计行为。编写单元测试将使我们从调用者的角度观察、思考。特别是先写测试（test – first），迫使我们把程序设计成易于调用和可测试的，即迫使我们解除软件中的耦合。

（3）它是一种编写文档的行为。单元测试是一种无价的文档，是展示函数或类如何使用的最佳文档。这份文档是可编译、可运行的，并且它始终保持最新，永远与代码同步。

（4）它具有回归性。自动化的单元测试避免了代码出现回归，编写完成之后，可以随时随地快速运行测试。

1.4.4 单元测试的工具和框架

一种观点认为框架是整个或部分系统的可重用设计，表现为一组抽象构件及构件实例间交互的方法；另一种观点认为框架是可被应用开发者定制的应用骨架。前者是从应用方面而后者是从目的方面给出定义。从框架的定义可知，框架可以是被重用的基础平台；也可以是组织架构类的东西。其实后者更为贴切，因为框架本来就是组织和归类所用的。

单元测试的框架要遵循下面的规则：
- 测试必须自动化。
- 每个单元测试必须独立于其他的单元测试而运行。
- 框架必须以单项测试为单位来检测和报告错误。
- 必须易于定义要运行哪些单元测试。

目前最流行的单元测试工具是 xUnit 系列框架，根据语言不同常用的工具可分为 JUnit(Java)，CppUnit(C++)，NUnit(.net)，PhpUnit(Php)等等。该测试框架的第一个和最杰出的应用是由 Erich Gamma (《设计模式》的作者) 和 Kent Beck (Extreme Programming(极限编程，简称 XP)的创始人)提供的开放源代码的 JUnit。

1.4.5 单元测试必要性

单元测试的主要目的是验证应用程序是否能很好地工作，以及尽早发现错误。单元测试能做的不仅仅是简单地验证应用程序能正常工作。还包括：

（1）带来比功能测试更广范围的测试覆盖。按经验，功能测试能发现 70% 的应用程序代码错误。如果想再深入一点，提供更大的测试覆盖范围，那就需要写单元测试。单元测试能够很容易地模拟错误条件，这一点在功能测试中很难办到(在一些情形下是不可能办到的)。

（2）让团队协作成为可能。单元测试能够递交高质量代码(经过测试的代码)而不需要等所有其他部分都完成以后。相比之下功能测试更粗糙，需要整个应用程序完成之后才能进行测试。

（3）能够防止衰退，降低对调试的需要。一组好的单元测试能够给程序员带来自信，让程序员确信自己的代码能很好地工作。在重构或增加、修改特性时，能及时给以提醒。一组好的测试能减少用调试程序发现错误的必要。功能测试会指出在实际使用的情况中可能会出现错误的地方，单元测试则会指出一个特定的方法因为一个特定的原因失败了。因此，找出这个错误所花费的时间要少得多。

（4）能为我们带来重构的信心。如果没有单元测试，要证明重构是可行的将是一件很困难的事，因为重构总可能会损坏一些东西。在没有单元测试提供一个安全网的情况下，为了改进实现设计，可能要花很长时间来调试。

（5）改进实现。单元测试是客户要进行的代码测试的第一步。如果一个单元测试太长，可是很笨拙，通常意味着被测试的代码在设计上有一些小问题，应该得到改进。如果代码不能被孤立地进行测试，通常意味着代码不够灵活，也需要重构。改进运行代码以使它在孤立的状态下能被测试。

(6) 将期望的行为文档化。单元测试展示了如何使用 API 以及 API 是如何运行的。因此，它们是完美的开发者文档。单元测试必须和工作代码保持同步，所以不像其他形式的文档，单元测试必定始终是最新的。

1.4.6 单元测试编写规范

在编写单元测试时要养成一套良好的编写习惯。

(1) 每次只对一个对象进行单元测试(unit-test one object at a time)，这样能尽快发现问题，而不被各个对象之间的复杂关系所迷惑。

(2) 给测试方法起个好名字(choose meaningful test method names)，应该用形如"testXXXYYY()"这样的格式命名测试方法。前缀 test 是 JUnit 查找测试方法的依据，XXX 是测试的方法名，YYY 是测试的状态。当然如果只有一种状态需要测试可以直接命名为 testXXX()。

(3) 明确写出出错原因(explain the failure reason in assert calls)。在使用 assertTrue、assertFalse、assertNotNull、assertNull 方法时，应该将可能错误的描述字符串，以第一个参数传入相应的方法。这样可以迅速找出出错原因。

(4) 一个单元测试方法只应该测试一种情况(one unit test equals one test method)。一个方法中的多次测试，只会混乱测试目的。

(5) 测试任何可能的错误(test anything that could possibly fail)。测试代码不是为了证明代码是对的，而是为了证明代码没有错。因此对测试的范围要全面，比如边界值、正常值、错误值；对代码可能出现的问题要全面预测。

(6) 让测试帮助改善代码(let the test improve the code)。测试代码永远是我们代码的第一个用户，不仅要让它帮助发现 Bug，还要帮助改善设计，即测试驱动开发(test-driven development, TDD)。

(7) 一样的包，不同的位置(same package, separate directories)。测试的代码和被测试的代码应该放到不同的文件夹中，建议使用这种目录：src/java/代码，src/test/测试代码。这样可以让两份代码使用一样的包结构，但是放在不同的目录下。

(8) 关于 setUp 与 tearDown：

①不要用 TestCase 的构造函数初始化 Fixture，而要用 setUp() 和 tearDown() 方法。

②在 setUp 和 tearDown 中的代码不应该与测试方法相关，而应该与全局相关。如：针对与测试方法都要用到的数据库链接等等。

③当继承一个测试类时，记得调用父类的 setUp() 和 tearDown() 方法。

(9) 不要在 Mock Object 中牵扯到业务逻辑(don't write business logic in mock objects)。

(10) 只对可能产生错误的地方进行测试(only test what can possibly break)。如：一个类中频繁改动的函数。对于那些仅仅只含有 getter/setter 的类，如果是由 IDE(如 Eclipse)产生的，则可不测试；如果是人工写，那么最好测试一下。

(11) 尽量不要依赖或假定测试运行的顺序，因为 JUnit 利用 Vector 保存测试方法，所以不同的平台会按不同的顺序从 Vector 中取出测试方法。

（12）避免编写有副作用的 TestCase，要确保测试方法之间是独立的。

（13）将测试代码和工作代码放在一起，同步编译和更新（使用 Ant 中有支持 JUnit 的 task）。

（14）确保测试与时间无关，不要依赖使用过期的数据进行测试。导致在随后的维护过程中很难重现测试。

（15）如果编写的软件面向国际市场，编写测试时要考虑国际化的因素。不要仅用母语的 Locale 进行测试。

（16）尽可能利用 JUnit 提供的 assert/fail 方法以及异常处理的方法，使代码更为简洁。

（17）测试要尽可能小，执行速度快。

小　结

软件服务外包的市场越来越大，竞争也越来越激烈，引入先进的软件开发管理流程，以及严格的软件质量控制体系。告别手工作坊式的开发时代，进入工程化、规模化的开发领域是软件开发的发展趋势。然而，软件质量控制成为软件外包一个核心的竞争力。如何通过软件测试提高软件质量是每个软件外包公司需要面对的问题。

单元测试就最小粒度的测试，内容包括单元功能测试、模块接口测试、数据流测试、逻辑路径测试等。单元测试过程包括计划、设计、执行、评审等几个步骤。单元测试用例设计时，要考虑被测单元模块初始状态声明，即测试用例的开始状态。被测单元的输入，包含由被测单元读入的任何外部数据值。该测试用例实际测试的代码，用被测单元的功能和测试用例设计中使用的分析来说明，如：单元中哪一个决策条件被测试。测试用例的期望输出结果，应在测试进行之前在测试说明中定义。

单元测试的主要目的是验证应用程序是否能很好地工作，以及尽早发现错误。单元测试能做的不仅仅是简单地验证应用程序能正常工作。还包括：带来比功能测试更广范围的测试覆盖；让团队协作成为可能；能够防止衰退，降低对调试的需要；能为程序员带来重构的信心；改进实现；将期望的行为文档化等。

2 JUnit

单元测试是测试过程中最低层次的测试,通过执行单元测试确保产生符合需求的程序单元。从成本角度,外包项目可以考虑以下单元测试策略:开发人员在编码的同时完成单元测试用例设计、单元测试执行、单元测试报告。单元测试报告是完成编码的基准,标志着相应模块编码已经完成。下面介绍单元测试最常用的框架:JUnit。

JUnit(http://www.junit.org)是SourceForge网站上的一个开源软件,根据IBM通用公共许可证(common public license)进行发布,是一个Java语言的单元测试框架。它由Kent Beck 和 Erich Gamma 建立,逐渐成为源于 Kent Beck 的 JUnit 的 xUnit 家族中最为成功的一个。

2.1 JUnit 简介

所有的单元测试框架应该遵循3条规则:
- 每个单元测试必须独立于其他的单元测试而运行。
- 该框架必须以单项测试为单位来检测和报告错误。
- 必须易于定义要运行哪些单元测试。

JUnit 是一个开放源代码的 Java 测试框架,用于编写和运行可重复的测试。他是用于单元测试框架体系 xUnit 的一个实例(用于 Java 语言)。它包括以下特性:
- 用于测试期望结果的断言(assertion)。
- 用于共享共同测试数据的测试工具。
- 用于方便组织和运行测试的测试套件。
- 图形和文本的测试运行器。

2.1.1 JUnit 的安装

为了使用 JUnit 来编写应用程序的测试,需要用到 JUnit 的 .jar 文件。从 www.junit.org 下载最新的软件包(目前 JUnit 的最新版本是4.12)。将其在适当的目录下解压缩 Zip 文件,并找到一个名为 "JUnit - 4.12.jar" 的文件。将这个 .jar 文件加入 CLASSPATH 系统变量。

使用 IDE 工具时,如 Eclipse,它自带有 JUnit 的 Jar 包,并且有 3.X 和 4.X 两个版本,但不一定是最高的版本,如图 2-1 所示。

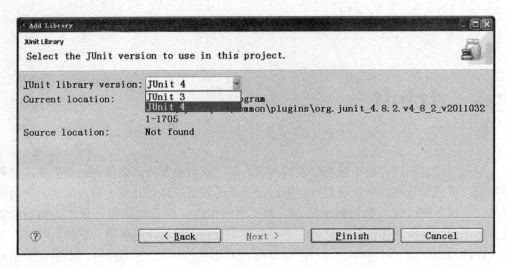

图2-1 Eclipse自带的JUnit

如果Eclipse自带的版本不能满足需要,可以自己添加一个JUnit的最新版本。操作的方式如下:

打开Eclipse,在菜单Window中点击Preferences,在Preferences中找到"Java"→"Build Path"→"User Libraries"。在"User Libraries"中点击右边的"New...",新建一个User library name:JUnit4.12。选中"JUnit4.12"点击右边的"Add JARs..."把"junit4.12.jar"添加进入。并配置Source attachment和Javadoc location,如图2-2所示。

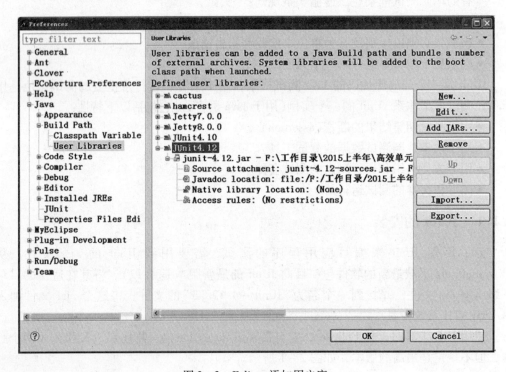

图2-2 Eclipse添加用户库

当要使用时，选择所在项目，右键选择"Build Path"→"Add Libraries..."→"User Libraries"，把需要的用户库添加进来即可。

2.1.2 JUnit 的 Javadoc

JUnit 的 Javadoc 对所有的 API 进行了详细的说明，并带有相关的例子，是学习 JUnit 最好的指导书，如图 2-3 所示。下面的章节会对核心的类和接口作详细的说明。

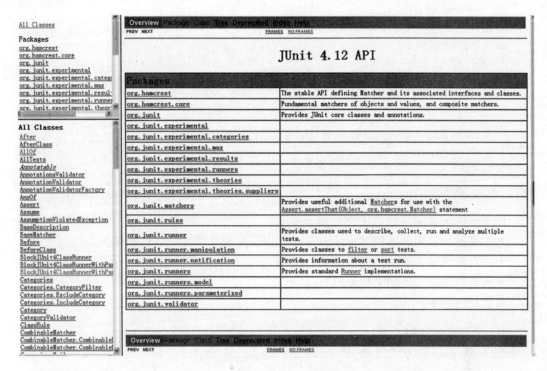

图 2-3 JUnit API

2.2 用 JUnit 编写测试代码

用 JUnit 编写测试代码前，需要了解 JUnit 的版本的历史。JUnit 在 4.0 版本以前与 4.0 版本以后的框架发生了很大的改变。特别是 JDK1.5 以后，JUnit 大量使用 annotation。至于 Eclipse 自带的 JUnit 版本中还会带两个版本，一个是 3.8 的版本，一个是 4.0 以后的版本。这是因为在以前遗留的代码可能会用到以前的版本。所以这里将分别对 JUnit4.0 以前的版本和 JUnit4.0 以后的版本加以说明。

注意：这里把 JUnit4.0 以前版本称为"JUnit3.x"，把 JUnit4.0 以后版本称为"JUnit4.x"。

2.2.1 JUnit3.x 编写测试代码

JUnit 编写测试代码一般有如下步骤：
- 构建被测试对象。
- 通过被测试对象调用被测试的方法，并输入测试参数。
- 作断言，即查看实际运行的结果与预期的结果是否一致。

如：对下面类 Calculator 进行单元测试。

```java
package chapter_1;
public class Calculator {
    public double add(double a, double b) {
        return a + b;
    }
    public double sub(double a, double b) {
        return a - b;
    }
}
```

在 JUnit3.x 里编写测试用例有如下要求：
- 所有的测试用例必须继承 TestCase（TestCase 来自 JUnit3.x 的框架）。
- 所有的测试方法的访问权限为"public"。
- 所有的测试方法的名称要以"test"开头。

测试代码如下：

```java
package chapter_1;
import junit.framework.Assert;
import junit.framework.TestCase;
//测试用例必须继承 TestCase
public class TestCalculatorJUnit3X extends TestCase {
    //测试 add();
    //测试方法的访问权限为"public",测试方法的名称要以"test"开头.
    public void testAdd()   {
        //构造被测试的对象cal
        Calculator cal = new Calculator();
        //调用被测试的方法 add(),并输入对应的测试参数
        double result = cal.add(10.0, 5.0);
        //断言.(判断真实运行结果与期望值是否一致)
        Assert.assertEquals(15.0, result,0);
    }
    //测试 sub();
//测试方法的访问权限为"public",测试方法的名称要以"test"开头.
    public void testSub()   {
```

```
        //构造被测试的对象cal
        Calculator cal = new Calculator();
        //调用被测试的方法 add(),并输入对应的测试参数
        double result = cal.sub(10.0, 5.0);
        //作断言.即查看实际运行的结果与预期的结果是否一致
        Assert.assertEquals(5.0, result, 0);
        //第三个参数"0"为允许的误差范围
    }
}
```

对上面的测试代码作几点说明：

（1）测试用例要继承 TestCase，因为在 JUnit3.x 的构架里所有的测试用例都必须继承 TestCase 才是测试用例，不然就只是一个普通的类。

（2）所有的测试方法都以"test"开头，因为 JUnit3.x 框架里认为在测试用例中只有以"test"开头的方法，才是测试方法。如果没有以"test"开头，JUnit3.x 认为只是一个普通的方法。

（3）两个方法 testAdd()和 testSub()中，都构建了一个 Calculator 对象。每一个测试方法都要一个新的测试对象，是为了在测试过程中避免出现副作用。这也是单元测试的原则之一：每个测试方法的对象必须是独立的。

（4）Assert.assertEquals(5.0, result, 0); 这是一个断言的方法。JUnit 的构架里 Assert 类提供大量静态的方法，方便作断言。在 JUnit 的 API 里有详细的说明，如图 2-4 所示。

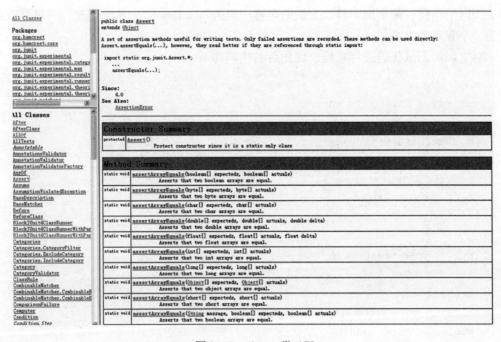

图 2-4　Assert 类 API

在上面的代码中,发现两个测试方法中都需要构建一个新的对象,如果测试用例中有多个方法,这无疑会造成代码的冗余。所以 JUnit3.X 提供了两个方法来解决这个问题。

分别为:

```
/**
* Sets up the fixture, for example, open a network connection.
* This method is called before a test is executed.
*/
protected void setUp() throws Exception {
    }
```

其作用是:每次执行测试方法之前,此方法都会被执行进行一些固件的准备工作,如打开网络连接。要注意的是,方法的名称一定为"setUp",不能更改。一旦更改便成为一个普通的方法。

```
/**
* Tears down the fixture, for example, close a network connection.
* This method is called after a test is executed.
*/
protected void tearDown() throws Exception {

}
```

其作用是:每次执行测试方法之后,此方法都会被执行进行一些固件的善后工作,如关闭网络连接。跟上面一样,方法的名称一定为"tearDown",不能更改。一旦更改便成为一个普通的方法。

对上面的测试代码进行重构,优化后的代码如下:

```
package chapter_1;
import junit.framework.Assert;
import junit.framework.TestCase;
//测试用例必须继承 TestCase
public class TestCalculatorJUnit3X_2 extends TestCase {
    private Calculator cal;
    public void setUp() {
        cal = new Calculator();
    }
    public void tearDown() {
    }
    // 测试 add();
    // 测试方法的访问权限为"public",测试方法的名称要以"test"开头.
    public void testAdd() {
```

```
        // 调用被测试的方法 add(),并输入对应的测试参数
        double result = cal.add(10.0, 5.0);
        // 断言.(判断真实运行结果与期望值是否一致)
        Assert.assertEquals(15.0, result, 0);
    }

    // 测试 sub();
    public void testSub() {
        // 调用被测试的方法 add(),并输入对应的测试参数
        double result = cal.sub(10.0, 5.0);
        // 作断言.即查看实际运行的结果与预期的结果是否一致
        Assert.assertEquals(5.0, result, 0);
        // 第三个参数"0"为允许的误差的范围
    }
}
```

注意：上面测试用例中所有方法的调用顺序是：
setUp()→testAdd()→tearDown()→setUp()→testSub()→tearDown()
从而保证每个测试方法在执行前就会执行 cal = new Calculator()；使得每个测试方法中的对象都是新建的，避免对象重复使用带来的副作用。

2.2.2 JUnit4.x 编写测试代码

JUnit4.x 的框架相对 JUnit3.x 而言发生了很大的改变。最明显的特性是引入 JDK1.5 以后的 annotation，使得定义测试用例及测试方法不再像 JUnit3.x 那样死板。

在 JUnit4.x 中任意一个普通的类都可以当做测试用例，只要这个类中有声明测试方法。而不再要求测试用例一定要继承 TestCase。并且声明测试方法时，不再要求测试方法的名称一定要用"test"开头，而是用@Test 来声明。至于方法的名称则没有特别的要求。

那么将上面的测试用例用 JUnit4.x 来编写，代码如下：

```
package chapter_1;
import org.junit.Assert;
import org.junit.Test;
public class TestCalculatorJunit4X {
    //不再要求继承 TestCase
    @Test
    // 用@Test 来声明下面的方法为测试方法
    public void testAdd() {
        Calculator cal = new Calculator();
        double result = cal.add(10.0, 5.0);
        Assert.assertEquals(15.0, result, 0);
```

```
    }
    @Test
    //用@Test 来声明下面的方法为测试方法
    public void testSub() {
        Calculator cal = new Calculator();
        double result = cal.sub(10.0, 5.0);
        Assert.assertEquals(5.0, result, 0);
    }
}
```

注意:在上面的方法的名称已不再要求以"test"开头,但为了代码的可读性,这里还是以"testXXX"来命名测试方法。

为了减少代码的冗余,在 JUnit3.x 中定义了 setUp() 及 tearDown() 的方法。同样的,在 JUnit4.x 中分别用 annotation @Before 和 @After 说明,而对方法的名称也不再作要求。那么可将上面的代码重构为以下代码:

```
package chapter_1;
import org.junit.After;
import org.junit.Assert;
import org.junit.Before;
import org.junit.Test;
//重构上面的代码
public class CalculatorJunit4X_2 {
    private Calculator cal;
    @Before    // 作用与 JUnit3.x 中的 setUp()方法相同:每次执行测试方法之前,
               //此方法都会被执行进行一些固件的准备工作。
    public void setUp() {
        cal = new Calculator();
    }
    @After  // 作用与 JUnit3.x 中的 tearDown()方法相同:每次执行测试方法之后,
            //此方法都会被执行进行一些固件的善后工作。
    public void tearDown() {
    }
    @Test
    public void testAdd() {
        double result = cal.add(10.0, 5.0);
        Assert.assertEquals(15.0, result, 0);
    }
    @Test
    public void testSub() {
        double result = cal.sub(10.0, 5.0);
```

```
        Assert.assertEquals(5.0, result, 0);
    }
}
```

注意：用@Before 和@ After 声明的方法的名称可以是任意的。上面的代码还是用 setUp( )和 tearDown( )是为了增强代码的可读性。

除此之外，JUnit4. x 还提供了@BeforeClass 和 @ AfterClass 两个 annotation。

@BeforeClass：在所有的测试方法运行之前调用的一个方法；用此进行一些开销昂贵的初始化操作，比如连接数据库。其声明的方法必须是 static。

@ AfterClass：在所有的测试方法运行之后调用的方法，比如关闭数据库连接。其声明的方法必须是 static。

对上面的代码进行优化，增加了相关方法的控制台输出，来看看相关方法的运行顺序。代码如下：

```
package chapter_1;
import org.junit.*;
public class CalculatorJunit4X_3 {
    private Calculator cal;
    @BeforeClass
    public static void init(){
        System.out.println("@BeforeClass");
    }
    @ AfterClass
    public static void destroy(){
        System.out.println("@ AfterClass");
    }
    @Before
    public void setUp() {
        cal = new Calculator();
        System.out.println("@Before");
    }
    @ After
    public void tearDown() {
        System.out.println("@ After");
    }
    @Test
    public void testAdd() {
        double result = cal.add(10.0, 5.0);
        Assert.assertEquals(15.0, result, 0);
        System.out.println("testAdd");
    }
```

```
    @Test
    public void testSub() {
        double result = cal.sub(10.0, 5.0);
        Assert.assertEquals(5.0, result, 0);
        System.out.println("testSub");
    }
}
```

运行之后，控制台输出的结果如图2-5所示。

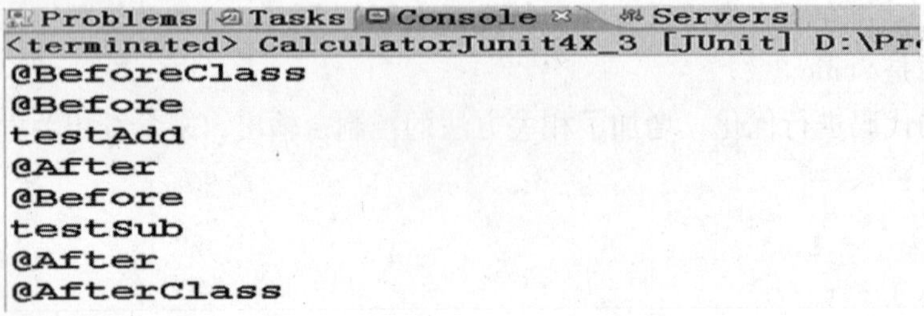

```
Problems  Tasks  Console ⊗   Servers
<terminated> CalculatorJunit4X_3 [JUnit] D:\Pr
@BeforeClass
@Before
testAdd
@After
@Before
testSub
@After
@AfterClass
```

图2-5 控制台输出的结果

从图2-5的结果可以得出测试用例里相关方法的执行顺序为：
@BeforeClass→@Before→testAdd→@After→@Before→testSub→@After→@AfterClass

2.3 用JUnit编写测试套件

测试套件（suite）指一组测试，就是把多个测试用例组合在一起运行。当执行一个测试用例时，并没有人为指定一个套件，JUnit会自动提供一个测试套件。当需要把多个测试用例组合在一起运行时，需要把多个测试用例组合成测试套件，再运行。对测试套件的编写，JUnit3.x与JUnit4.x有很大的区别，下面逐一说明。

2.3.1 JUnit3.x编写测试套件

在JUnit3.x中编写测试套件的方式是编写一个suite()方法，并把要测试的测试用例或测试套件加入到这个方法中，形成一个新的测试套件。JUnit3.x中对测试套件的suite()方法有严格的编写要求，该方法必须是public，并且是static，返回类型是Test方法的名称要求为suite()。在suite()方法中，要构建一个TestSuite的对象。TestSuite是一个测试套件的集成器，主要提供方法将相关的测试用例或测试套件组成测试套件。

主要的方法有：
public void addTestSuite(Class<TestCase> testClass)
用来添加测试用例到测试套件中：
public void addTest(Test test)

用来添加套件到套件中。JUnit 支持套件加套件，代码如下：
suite.addTest(A. TestAllWithJunit3X. suite( ));
通过下面的例子来说明。

```
import junit.framework.Test;
import junit.framework.TestSuite;
public class TestSuiteWithJunit3X {
    public static Test suite(){
        TestSuite suite = new TestSuite();
        suite.addTestSuite(TestCalculatorJUnit3X.class);
        suite.addTestSuite(TestCalculatorJUnit3X_2.class);
        return suite;
    }
}
```

运行结果如图 2-6 所示。

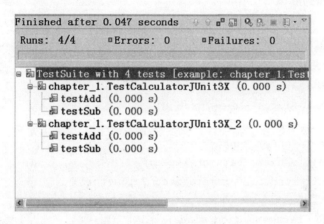

图 2-6　JUnit3.x 套件的运行结果

2.3.2　JUnit4.x 编写测试套件

在 JUnit4.x 编写测试套件时，用@RunWith(valuse = Suite. class）来指定测试运行器为套件(suite)运行器。并且用@SuiteClasses(value = { })组合测试套件所包括的测试用例和测试套件。

代码如下：

```
package chapter_1;
import org.junit.runner.RunWith;
import org.junit.runners.Suite;
import org.junit.runners.Suite.SuiteClasses;
@RunWith(Suite.class)
@SuiteClasses(value = {chapter_1.TestCalculatorJUnit3X.class,
```

```
            chapter_1.TestCalculatorJUnit3X.class,
            chapter_1.TestSuiteWithJUnit3X.class,
})
public class TestSuiteWithJUnit4x {}
```

在上面的代码中，创建一个空类作为测试套件的入口，无需类体。用@RunWith(valuse = Suite.class)来指定测试运行器为套件(suite)运行器。@SuiteClasses 中 value 的值是一个数组，既可以添加任何的测试用例和测试套件，类对象之间用逗号隔开。

2.4 参数化测试运行器

从上面的内容可以看到，用@RunWith 可以一个测试运行器来运行测试。在 JUnit4.x 中，有 Parameterized 的运行器，称为参数化测试运行器，它可以使不同的输入测试数据运行相同的测试。

代码如下：

```
package chapter_1;
import static org.junit.Assert.*;
import java.util.Arrays;
import java.util.List;
import org.junit.Test;
import org.junit.runner.RunWith;
import org.junit.runners.Parameterized;
import org.junit.runners.Parameterized.Parameters;
//使用参数化运行器来运行
@RunWith(value = Parameterized.class)
public class ParameterizedTest{
    private double value1;//输入值1
    private double value2;//输入值2
    private double expected;//期望值
    @Parameters //声明测试数据的方法
//测试数据的方法必须是 public static,且返回 Collection 类型
    public static List <Object[]>  data(){
        return Arrays.asList(new Object[][]{ //测试数据
            {1,1,2},
            {0,0,0},
            {100,200,300},
        });
    }
    // 构造方法
```

```
// JUnit 会用准备的测试数据传给构造函数(参数的顺序要与测试数据的顺序一致)
    public ParameterizedTest(double value1,double value2,double expected){
        this.expected = expected;
        this.value1 = value1;
        this.value2 = value2;
    }
    @Test
    public void testAdd(){
        Calculator cal = new Calculator();
        assertEquals(expected,cal.add(value1, value2),0);
    }
}
```

运行结果如图2-7所示。

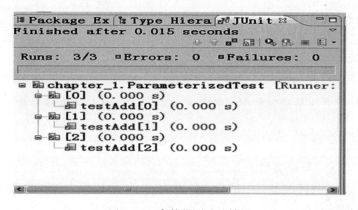

图2-7 参数化测试的结果

2.5 异常测试

异常测试在单元测试是不可缺少的一部分。JUnit在异常测试中有3种方式：
- try...catch
- @Test(expected = Exception.class)
- @Rules public ExpectedException

下面通过一个实例对这3种方式作详细的说明，被测试的类为Password，代码如下：

```
package chapter_1;
public class Password {
    public static void validate(String password) throws InvalidPasswordException {
        if (password == null || password.length() ==0) {
```

```
            throw new InvalidPasswordException("Password is required.");
        }
        if (password.length() < 6) {
            throw new InvalidPasswordException("Password must contains at least 6 letters.");
        }
        if (password.length() > 15) {
            throw new InvalidPasswordException("Password length less than 15 letters");
        }
    }
}
class InvalidPasswordException extends Exception {
    public InvalidPasswordException(String message) {
        super(message);
    }
}
```

1. 用 try...catch 的方法

try...catch 的方法是最容易想到的方式。用 try...catch 去捕获异常，需要断言以下几个条件：

（1）确实抛出的异常。

（2）抛出异常的 Class 类型。

（3）抛出异常的具体类型，一般检查异常的 message 属性中包含的字符串的断定。

常用的代码如下：

```
@Test
public void passwordLengthLessThan6LettersThrowsException(){
    try{
        Password.validate("123");
        fail("No exception thrown.");
    }catch(Exception ex){
        assertTrue(ex instanceof InvalidPasswordException);
        assertTrue(ex.getMessage().contains("contains at least 6"));
    }
}
```

这里被测试的方法是 Password.validate()方法是否抛出了相应的异常，注意这里别漏掉 try 中的 fail("No exception thrown."), 不然，如果被测试的方法没有抛出异常, 这个用例仍会通过，而预期的是要抛出异常。

上面的方式对于哪个 JUnit 版本都适合，但在 JUnit 4 版，大可不必如此去测试方法异常。虽然这样也能测定出是否执行出预期的异常，但它仍有弊端，使用 try...catch

的方法，JUnit 无法提示出详细的断言失败原因。

2. @Test(expected = Exception.class)

从 JUnit 4.x 后测试异常用 @Test(expected = Exception.class)，参考如下代码：

```
@Test(expected = InvalidPasswordException.class)
    public void passwordIsNullThrowsException() throws InvalidPasswordException {
        Password.validate(null);
}
```

如果被测试的方法有抛出 InvalidPasswordException 类型便是断言成功。@Test(expected = InvalidPasswordException) 只能判断出异常的类型，并无相应的注解能断言出异常的更具体的信息，即无法判定抛出异常的 message 属性。那么，有时会在一个方法中多次抛出一种类型的异常，但原因不同，即异常的 message 信息不同，比如出现 InvalidPasswordException 时会有以下三种异常：

new InvalidPasswordException("Password is required.")

new InvalidPasswordException("Password must contains at least 6 letters.")

new InvalidPasswordException("Password length less than 15 letters.")

3. @Rules public ExpectedException

自 JUnit 4.7 以后提供了 @Rule public ExpectedException，测试代码如下：

```
@Rule
public ExpectedException thrown = ExpectedException.none();
@Test
public void passwordIsEmptyThrowsException() throws InvalidPasswordException {
    thrown.expect(InvalidPasswordException.class);
    thrown.expectMessage("Password is required.");
        Password.validate("");
}
```

上面代码的几点说明：

(1) @Rule 声明 ExpectedException 变量，它必须为 public。

(2) @Test 处，不能写成 @Test(expected = InvalidPasswordException.class)，否则不能正确测试，也就是 @Test(expected = InvalidPasswordException.class) 与测试方法中的 thrown.expectXxx() 方法不能同时并存。

(3) thrown.expectMessage() 中的参数是 Matcher 或 subString，就是说可用正则表达式判定，或判断是否包含某个子字符串。

(4) 被测试方法要写在 thrown.expectMessage() 方法后面，否则不能正确测试异常。

2.6　Hamcrest

　　Hamcrest 是一个书写匹配器对象时允许直接定义匹配规则的框架。Hamcrest 从一开始就设计结合不同的单元测试框架，例如，Hamcrest 可以使用 JUnit3、JUnit4 和 TestNG。在一个现有的测试套件中迁移到使用 Hamcrest 风格的断言很容易，因为其他断言风格可以和 Hamcrest 风格共存。

　　JUnit4 使用 assertThat 架构来使用 Hamcrest 标准的匹配器。Hamcrest 提供了一些常用的方法与 JUnit 的 assertThat 方法一起使用，方便测试过程中的各种断言。

　　Hamcrest 常用的方法有：

- 核心

anything——总是匹配，如果不关心测试下的对象是什么时可用。
describedAs——添加一个定制的失败表述装饰器。
is——改进可读性装饰器。

- 逻辑

allOf——如果所有匹配器都匹配才匹配。
anyOf——如果任何匹配器匹配就匹配。
not——如果包装的匹配器不匹配时匹配，反之亦然。

- 对象

equalTo——测试对象相等使用 Object.equals 方法。
hasToString——测试 Object.toString 方法。
instanceOf, isCompatibleType——测试类型。
notNullValue, nullValue——测试 null。
sameInstance——测试对象实例。

- 集合

array——测试一个数组元素。
hasEntry, hasKey, hasValue——测试一个 Map 包含一个实体、键或者值。
hasItem, hasItems——测试一个集合包含一个元素。
hasItemInArray——测试一个数组包含一个元素。

- 数字

closeTo——测试浮点值接近给定的值。
greaterThan, greaterThanOrEqualTo, lessThan, lessThanOrEqualTo——测试次序。

- 文本

equalToIgnoringCase——测试字符串相等忽略大小写。
equalToIgnoringWhiteSpace——测试字符串忽略空白。
containsString, endsWith, startsWith——测试字符串匹配。

- Beans

hasProperty——测试 JavaBeans 属性。

下面通过一个例子对上面的方法进行说明。

```java
import java.util.ArrayList;
import java.util.HashMap;
import java.util.List;
import java.util.Map;
public class Hamcrest {
    public int add(int a, int b) {
        return a + b;
    }
    public int sub(int a, int b) {
        return a - b;
    }
    public double div(double a, double b) {
        return a / b;
    }
    public String getName(String name) {
        return name;
    }
    public List<String> getList(String item) {
        List<String> l = new ArrayList<String>();
        l.add(item);
        return l;
    }
    public Map<String, String> getMap(String key, String value) {
        Map<String, String> m = new HashMap<String, String>();
        m.put(key, value);
        return m;
    }
}
```

对应的测试用例：

```java
import static org.junit.Assert.*;
import static org.hamcrest.Matchers.*;
import java.util.*;
import org.junit.*;
public class TestHamcrest {
    Hamcrest ham;
    @Before
    public void init(){
        ham = new Hamcrest();
    }
```

```java
@Test
    public void addtest() {
        int s = ham.add(1, 2);
        int expected = 3;
        //一般匹配符
        assertEquals(expected, s);
        //allOf:所有条件必须都成立,测试才通过
        assertThat(s, allOf(greaterThan(1), lessThan(4)));
        //anyOf:只要有一个条件成立,测试就通过
        assertThat(s, anyOf(greaterThan(2), lessThan(3)));
        //anything:无论什么条件,测试都通过
        assertThat(s, anything());
        //is:变量的值等于指定值时,测试通过
        assertThat(s, is(3));
        //not:和is相反,变量的值不等于指定值时,测试通过
        assertThat(s, not(1));
    }
@Test
    public void divtest(){
        //数值匹配符
        double d = ham.div(10, 3);
        //closeTo:浮点型变量的值在3.0±0.5范围内,测试通过
        assertThat(d, closeTo(3.0, 0.5));
        //greaterThan:变量的值大于指定值时,测试通过
        assertThat(d, greaterThan(3.0));
        //lessThan:变量的值小于指定值时,测试通过
        assertThat(d, lessThan(3.5));
        //greaterThanOrEqualTo:变量的值大于等于指定值时,测试通过
        assertThat(d, greaterThanOrEqualTo(3.3));
        //lessThanOrEqualTo:变量的值小于等于指定值时,测试通过
        assertThat(d, lessThanOrEqualTo(3.4));
    }
@Test
    public void getNametest(){
        //字符串匹配符
        String n = ham.getName("Hamcrest");
        //containsString:字符串变量中包含指定字符串时,测试通过
        assertThat(n, containsString("crest"));
        //startsWith:字符串变量以指定字符串开头时,测试通过
        assertThat(n, startsWith("Ham"));
        //endsWith:字符串变量以指定字符串结尾时,测试通过
        assertThat(n, endsWith("t"));
        //equalTo:字符串变量等于指定字符串时,测试通过
```

```java
        assertThat(n, equalTo("Hamcrest "));
        //equalToIgnoringCase:字符串变量在忽略大小写的情况下等于指定字符串时,测试通过
        assertThat(n, equalToIgnoringCase("hamcrest"));
                        //equalToIgnoringWhiteSpace:字符串变量在忽略
                        //头尾任意空格的情况下等于指定字符串时,测试通过
        assertThat(n, equalToIgnoringWhiteSpace("Hamcrest "));
    }
@Test
    public void getListTest(){
        //集合匹配符
        List<String> l=ham.getList("Hamcrest");
        //hasItem:Iterable 变量中含有指定元素时,测试通过
        assertThat(l, hasItem("Hamcrest"));
    }
@Test
    public void getMapTest(){
        Map<String, String> m=ham.getMap("Hmt", "Hamcrest");
        //hasEntry:Map 变量中含有指定键值对时,测试通过
        assertThat(m, hasEntry("Hmt", "Hamcrest"));
        //hasKey:Map 变量中含有指定键时,测试通过
        assertThat(m, hasKey("Hmt"));
        //hasValue:Map 变量中含有指定值时,测试通过
        assertThat(m, hasValue("Hamcrest"));
    }
}
```

运行结果如图 2-8 所示。

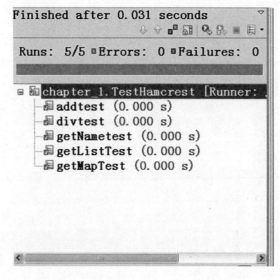

图 2-8　JUnit 结合 Hamcrest 的测试结果

小 结

JUnit 是一个 Java 语言的单元测试框架。JUnit 是在外包项目的开发和重构(refactor)中被极力推荐使用的工具,因为在实现自动单元测试的情况下可以大大提高开发效率。

本章介绍了 JUnit3 和 JUnit4 两个版本的使用方法,重点讲述了两个版本的编写单元测试的方法和规则。在 JUnit3 中需要继承 TestCase 类,但在 JUnit4 中已经不需要继承 TestCase。在 JUnit3 中需要覆盖 TestCase 中的 setUp( )和 tearDown( )方法,其中 setUp( )方法会在测试执行前被调用以完成初始化工作,而 tearDown( )方法则在结束测试结果时被调用,用于释放测试使用中的资源,而在 JUnit4 中,只需要在方法前加上@Before、@After。在 JUnit3 中对某个方法进行测试时,测试方法的命令固定,例如对 add 这个方法进行测试,需要编写名字为 testAdd 的测试方法,而在 JUnit4 中没有方法命令的约束,在方法的前面加上@Test,这就代表这个方法是测试用例中的测试方法。在 JUnit4 新的断言 assertThat 与 Hamcrest 结合,及 @BeforeClass 和 @AfterClass。在 JUnit3,如果所有的 test case 仅调用一次 setUp( )和 tearDown( )需要使用 TestSetup 类。测试异常处理@Test(expected = DataFormatException. class),设置超时@Test(timeout = 1000),忽略测试@Ignore,以及参数化测试。

3 测试覆盖率

在外包项目中经常有人问,"我们在做单元测试,那测试覆盖率要到多少才行?"答案其实很简单,"作为指标的测试覆盖率都是没有用处的。"Martin Fowler 指出:把测试覆盖作为质量目标没有任何意义,而应该把它作为一种发现未被测试覆盖的代码的手段。

3.1 覆盖率简介

覆盖率是度量测试完整性的手段,是测试有效性的度量。测试覆盖是对测试完全程度的评测,由测试需求和测试用例的覆盖或已执行代码的覆盖表示。

质量是对测试对象(系统或测试的应用程序)的可靠性、稳定性以及性能的评测。质量建立在对测试结果的评估和对测试过程中确定变更请求(缺陷)的分析的基础上。

覆盖指标提供了"测试的完全程度如何"这一问题的答案,最常用的覆盖评测是基于需求的测试覆盖和基于代码的测试覆盖。简而言之,测试覆盖是就需求(基于需求的)或代码的设计/实施标准(基于代码的)而言的完全程度的任意评测,如用例的核实(基于需求的)或所有代码行的执行(基于代码的)。

系统的测试活动建立在至少一个测试覆盖策略基础上。覆盖策略陈述测试的一般目的,指导测试用例的设计。覆盖策略的陈述可以简单到只说明核实所有性能。

如果需求已经完全分类,则基于需求的覆盖策略可能足以生成测试完全程度的可计量评测。例如,如果已经确定了所有性能测试需求,则可以引用测试结果来得到评测,如已经核实了 75% 的性能测试需求。

如果应用基于代码的覆盖,则测试策略根据测试已经执行的源代码的多少来表示。这种测试覆盖策略类型对于安全至上的系统来说非常重要。

1. 基于需求的测试覆盖

基于需求的测试覆盖在测试生命周期中要评测多次,并在测试生命周期的里程碑处提供测试覆盖的标识(如已计划的、已实施的、已执行的和成功的测试覆盖)。

在执行测试活动中,使用两个测试覆盖评测,一个确定通过执行测试获得的测试覆盖,另一个确定成功的测试覆盖(即执行时未出现失败的测试,如没有出现缺陷或意外结果的测试)。

2. 基于代码的测试覆盖

基于代码的测试覆盖评测测试过程中已经执行的代码的多少,与之相对的是要执行的剩余代码的多少。代码覆盖可以建立在控制流（语句、分支或路径）或数据流的基础上。控制流覆盖的目的是测试代码行、分支条件、代码中的路径或软件控制流的其他元素。数据流覆盖的目的是通过软件操作测试数据状态是否有效，例如，数据元素在使用之前是否已作定义。

3.2 代码覆盖率的分类及测试目的

3.2.1 代码覆盖率的分类

代码覆盖率是指代码的覆盖程度，是一种度量方式。代码覆盖率的度量方式有很多种，这里介绍最常用的几种。

1. 语句覆盖（statement coverage）

语句覆盖又称行覆盖（line coverage）、段覆盖（segment coverage）、基本块覆盖（basic block coverage），是最常用也是最常见的一种覆盖方式，度量被测代码中每个可执行语句是否被执行。这里说的是"可执行语句"，因此不会包括像 C++ 的头文件声明、代码注释、空行，等等，只统计能够执行的代码被执行了多少行。需要注意的是，单独一行的花括号{}也常常被统计进去。语句覆盖常常被人指责为"最弱的覆盖"，它只管覆盖代码中的执行语句，却不考虑各种分支的组合等等。

看下面的被测试代码：

```
    int foo(int x, int y)
{
    return  x / y;
}
```

假如测试人员编写如下测试案例：

TeseCase：x = 10，y = 5

测试人员的测试结果会显示代码覆盖率达到了100%，并且所有测试案例都通过了。然而遗憾的是，语句覆盖率达到了所谓的100%，但是却没有发现最简单的 Bug，比如，当 y = 0 时，会抛出一个除零异常。

正因如此，假如只要求测试人员测试语句覆盖率达到多少，测试人员只要钻钻空子，专门针对如何覆盖代码行编写测试案例，就很容易达到要求。这同时说明了几个问题：

- 主管只使用语句覆盖率来考核测试人员本身就有问题。
- 测试人员的目的是为了测好代码，钻空子缺乏职业道德。
- 应该采用更好的考核方式来考核测试人员的工作。

为了寻求更好的考核标准，必须先了解代码覆盖率到底还有哪些——除语句覆盖、行覆盖外，还有很多的覆盖方式。

2. 判定覆盖(decision coverage)

判定覆盖又称分支覆盖(branch coverage)、所有边界覆盖(all-edges coverage)、基本路径覆盖(basic path coverage)、判定路径覆盖(decision-decision path)。它度量程序中每一个判定的分支是否都被测试到。这句话非常容易与下面的条件覆盖混淆,需要进一步理解,因此直接介绍第三种覆盖方式,然后与判定覆盖对比,就明白两者是怎么回事了。

3. 条件覆盖(condition coverage)

条件覆盖度量判定中的每个子表达式结果 true 和 false 是否被测试到了。为了说明判定覆盖和条件覆盖的区别,现举例说明。假如被测代码如下:

```
int foo(int x, int y)
{
    if (x < 10 || y < 20) // 判定
    {
        return 0; // 分支一
    } else
    {
        return 1; // 分支二
    }
}
```

设计判定覆盖案例时,只需要考虑判定结果为 true 和 false 两种情况,因此设计如下的案例就能达到判定覆盖率100%:

TestCaes1:x = 5, y = 任意数字　　覆盖了分支一
TestCaes2:x = 15, y = 25　　覆盖了分支二

设计条件覆盖案例时,需要考虑判定中的每个条件表达式结果,为了使覆盖率达到100%,设计如下案例:

TestCase3:x = 5, y = 10　　　　true, true
TestCase4:x = 15, y = 25　　　　false, false

通过上面的例子可见,判定覆盖和条件覆盖的区别很明显。需要特别注意的是:条件覆盖不是将判定中的每个条件表达式的结果进行排列组合,而是只要每个条件表达式的结果 true 和 false 测试到了即可。因此,可以这样推论:完全的条件覆盖并不能保证完全的判定覆盖。比如上面的例子,假如设计的案例为:

TestCase1:x = 5, y = 25　　true, false　　分支一
TestCase2:x = 15, y = 10　　false, true　　分支一

可以看到,虽然完整地做到了条件覆盖,但是却没有做到完整的判定覆盖,只覆盖了分支一。从上面的例子也可以看出,这两种覆盖方式仍有欠缺。接下来看看第四种覆盖方式。

4. 路径覆盖(path coverage)

路径覆盖又称断言覆盖(predicate coverage)。它度量是否函数的每一个分支都被执行,即所有可能的分支都执行一遍,有多个分支嵌套时,需要对多个分支进行排列组

合。可想而知，测试路径随着分支的数量指数级别增加。比如下面的测试代码中有两个判定分支：

```
    int foo(int x, int y)
{
    int nReturn = 0;
    if (x < 10)
    {// 分支一
        nReturn + = 1;
    }
    if (b < 10)
    {// 分支二
        nReturn + = 10;
    }
    return nReturn;
}
```

对上面的代码，分别针对前三种覆盖方式来设计测试案例：
①语句覆盖
TestCase：x = 5，y = 5   nReturn = 11
语句覆盖率100%。
②判定覆盖
TestCase1：x = 5，y = 5   nReturn = 11
TestCase2：x = 15，y = 15   nReturn = 0
判定覆盖率100%。
③条件覆盖
TestCase1：x = 5，y = 15   nReturn = 1
TestCase2：x = 15，y = 5   nReturn = 10
条件覆盖率100%。

可以看到，上面三种覆盖率结果都达到了100%。但仔细观察会发现被测代码中，nReturn的结果一共有四种可能的返回值：0、1、10、11，而上面针对每种覆盖率设计的测试案例只覆盖了部分返回值，因此，可以说使用上面任一覆盖方式，虽然覆盖率都达到了100%，但是并没有测试完全。接下来看看针对路径覆盖设计出来的测试案例：

TestCase1：x = 5，y = 5   nReturn = 0
TestCase2：x = 15，y = 5   nReturn = 1
TestCase3：x = 5，y = 15   nReturn = 10
TestCase4：x = 15，y = 15   nReturn = 11
路径覆盖率100%。

路径覆盖将所有可能的返回值都测试到了。这也正是它被很多人认为是"最强的覆盖"的原因。

还有一些其他的覆盖方式，如：循环覆盖(loop coverage)，它度量是否对循环体执行了零次、一次和多于一次循环。

3.2.2 代码覆盖率的意义

（1）分析未覆盖部分的代码，从而反推在前期测试设计是否充分；没有覆盖到的代码是否是测试设计的盲点，为什么没有考虑到；是否需求/设计不够清晰；是否测试设计的理解有误；是否工程方法应用后造成策略性放弃等等。之后进行补充测试用例设计。

（2）检测出程序中的废代码，可以逆向反推在代码设计中思维混乱点，提醒设计开发人员理清代码逻辑关系，提升代码质量。

（3）代码覆盖率高不能说明代码质量高，反之，代码覆盖率低，代码质量就不会高，这可以作为测试自我审视的重要工具之一。

3.3 代码覆盖率工具的使用

测试覆盖率是对测试过程完全程度的评测，它通过测试需求、测试用例的覆盖或已执行代码的覆盖进行综合评估。在前面章节的测试过程中，测试覆盖率的评估主要基于测试需求、测试用例的覆盖情况。代码覆盖率工具则用以测试代码的执行覆盖情况。

3.3.1 代码覆盖率工具的分类

目前 Java 常用覆盖率工具 Jacoco、Emma 和 Cobertura，三种工具的比较如表 3-1 所示。

表 3-1 Jacoco、Emma 和 Cobertura 覆盖率工具比较

项 目	Jacoco	Emma	Cobertura
原理	使用 asm 修改字节码	可以修改 Jar 文件、class 文件字节码文件	基于 Jcoverage，基于 ASM 框架对 class 插桩
覆盖粒度	方法、类、行、分支、指令、圈	行、块、方法、类	行、分类
插桩	On-the-fly 和 Offline	On-the-fly 和 Offline	Offline
缺点		不支持 JDK8	关闭服务器才能获取覆盖率报告
性能	快	较快	较快

覆盖率工具工作流程如图 3-1 所示。

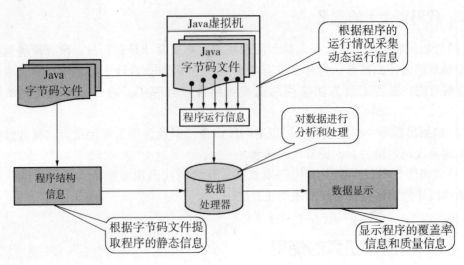

图 3-1　覆盖率工具工作流程

（1）对 Java 字节码进行插桩，有 On-the-fly 和 Offline 两种方式。
（2）执行测试用例，收集程序执行轨迹信息，将其备份（dump）到内存。
（3）数据处理器结合程序执行轨迹信息和代码结构信息分析生成代码覆盖率报告。
（4）将代码覆盖率报告图形化展示出来，如 .html、.xml 等文件格式。

1. 插桩原理

插桩原理如图 3-2 所示。主流代码覆盖率工具都采用字节码插桩模式，通过钩子的方式来记录代码执行轨迹信息。其中字节码插桩又分为两种模式 On-the-fly 和 Offline。On-the-fly 模式优点在于无须修改源代码，可以在系统不停机的情况下，实时收集代码覆盖率信息。Offline 模式优点在于系统启动不需要额外开启代理，但是只能在系统停机的情况下获取代码覆盖率。

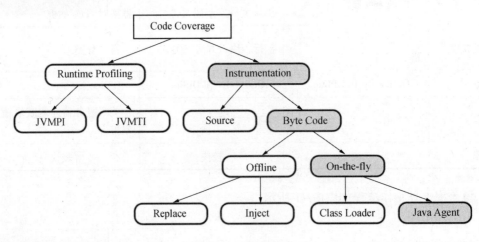

图 3-2　插桩原理

1）On-the-fly 插桩 Java Agent
- JVM 中通过 –javaagent 参数指定特定的 .jar 文件启动 Instrumentation 的代理程序。
- 代理程序在每装载一个 .class 文件前判断是否已经转换修改了该文件，如果没有则需要将探针插入 .class 文件中。
- 代码覆盖率可以在 JVM 执行代码时实时获取。
- 典型代表：Jacoco。

2）On-the-fly 插桩 Class Loader
- 自定义 classloader 实现类装载策略，在类加载之前将探针插入 .class 文件中。
- 典型代表：Emma。

3）Offline 插桩
- 在测试之前先对文件进行插桩，生成插过桩的 .class 文件或者 .jar 包，执行插过桩的 .class 文件或者 .jar 包之后，会生成覆盖率信息到文件，最后统一对覆盖率信息进行处理，并生成报告。
- Offline 插桩又分为两种：①Replace：修改字节码生成新的 class 文件；②Inject：在原有字节码文件上进行修改。
- 典型代表：Cobertura。

4）On-the-fly 和 Offline 比较
（1）On-the-fly 模式更加方便获取代码覆盖率，无须提前进行字节码插桩，可以实时获取代码覆盖率信息。
（2）Offline 模式适用于以下场景：
- 运行环境不支持 Java agent。
- 部署环境不允许设置 JVM 参数。
- 字节码需要被转换成其他虚拟机字节码，如 Android Dalvik VM。
- 动态修改字节码过程中和其他 agent 冲突。
- 无法自定义用户加载类。

3.3.3　EclEmma 安装与使用

Emma 插件是一款很不错的 Eclipse 单元测试覆盖率计算插件，可以统计分支覆盖率，能够更精准地统计逻辑覆盖情况。相比 Cobertura，Emma 可以跨 project 统计覆盖率，而 Cobertura 则做不到。所以对于一个项目工程包含多个 project，Emma 是首选。当然 Emma 也有不足的地方，比如对于只包含静态方法的工具类、枚举、包含私有构造函数的类，都无法做到100%覆盖。

（EclEmma 安装地址：http：//update.eclemma.org/）

在 MyEcliplse 下的安装步骤如下：

打开 MyEclipse 的 MyEclipse Configuration Center 选中 Software 点击 Addsite，在弹出的"Add Update Site"对话框中的"Name"输入"EclEmma"，URL 中输入"http：//update.eclemma.org/"，如图3-3所示。

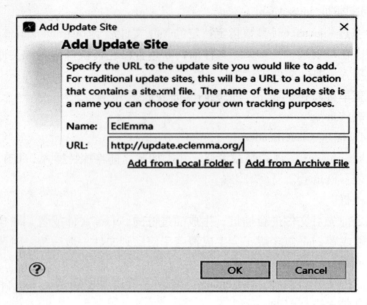

图 3－3　添加 EclEmma 的插件

点击"OK"按钮。

在 MyEclipse Configuration Center 中的 Personal Sites 下找到 EclEmma Java Code Coverage 右键点击选择 Add to Profile…，如图 3－4 所示。

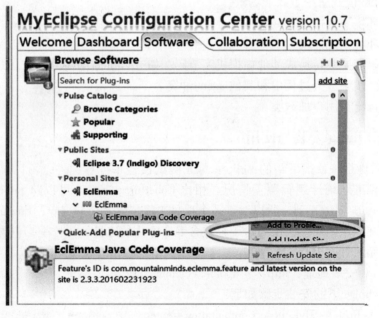

图 3－4　添加 Add to Profile… 的界面

点击后在右边的 Pending Changes 会出现一个 Apply 1 change 的按钮，如图 3 – 5 所示。点击"Apply 1 Change"按钮，会出现安装的界面，如图 3 – 6 所示。

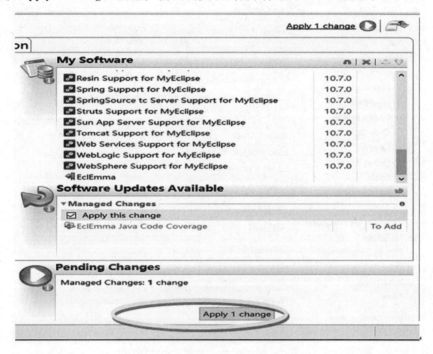

图 3 – 5　点击 Apply 1 change 的界面

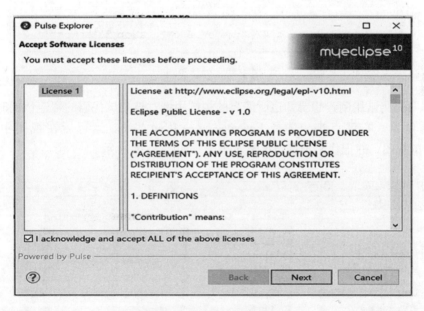

图 3 – 6　接受协议的界面

接下来，按"Next"按钮直到安装成功。安装成功后在 Preferences 中的 Java 项里会出现 Code Coverage 及相关的属性则表明已经安装成功，如图 3 – 7 所示。

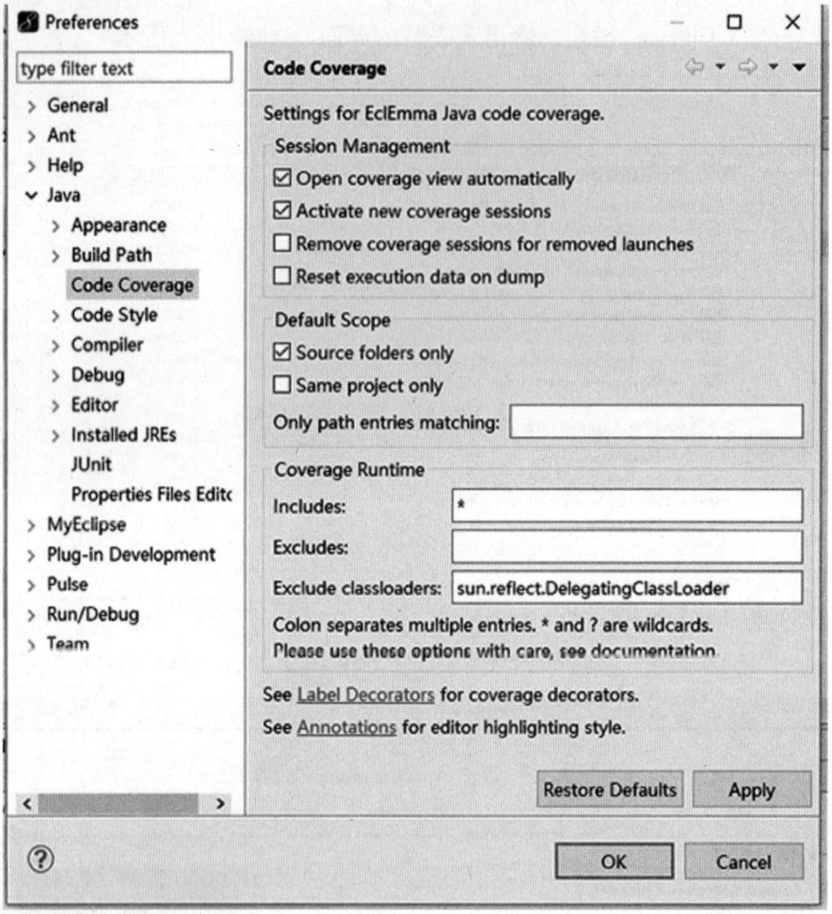

图 3-7　安装成功

当编写完测试用例，想要知道所编写的测试用例对被测试代码的覆盖情况时，选择要查看的项目，右键点击，选择 Coverage as → JUnit Test。运行后在视图中会出现 Coverage 的视图，并把代码覆盖情况显示出来，如图 3-8 所示。

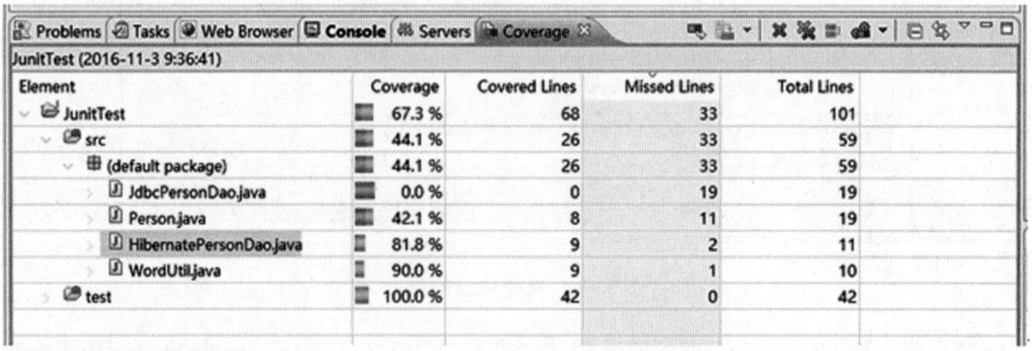

图 3-8　显示代码覆盖情况

EclEmma 包含了多种尺度的覆盖率计数器，包含指令级（instructions coverage）、分支（branches c1coverage）、复杂度（complexity）、行（lines）、方法（methods）、类（classes）。行覆盖和活动覆盖、分支覆盖阶段也会直接显示在 Java 源编辑，如图 3-9 所示。

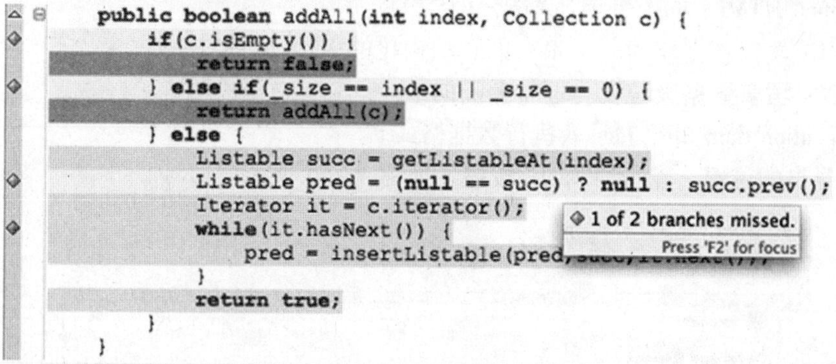

图 3-9 着色显示代码的覆盖情况

包含可执行代码得到下面的颜色代码：
- 绿色表示完全覆盖。
- 黄色表示部分覆盖。
- 红色表示未执行的所有行。

此外，彩色钻石在决策分支线的左侧。对钻石的颜色有一个相似的语义——比线突出的颜色：
- 绿色表示完全覆盖的树枝。
- 黄色表示部分覆盖的树枝。
- 红色表示在特定的线没有分支被执行。

对于每个 Java 元素（Java 项目，源文件夹、包、类型或方法），EclEmma 提供一个覆盖所有报道计数器属性页总结，如图 3-10 所示。

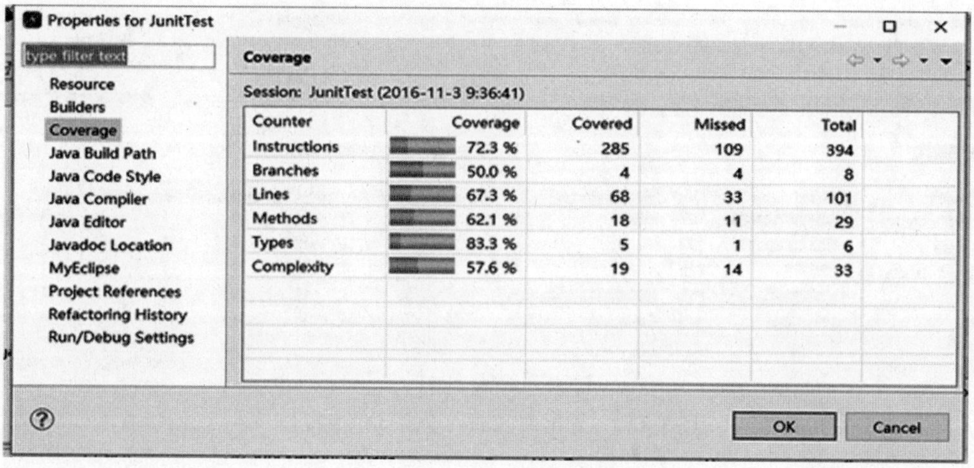

图 3-10 覆盖所有报道计数器属性页

EclEmma 主要用于设计运行测试和分析。在 Eclipse 工作台，它提供了导入和导出功能。在 Coverage 视图主区域中点击右键，出现的快捷菜单中选择"Export Report..."，选择可用的 session，选择如下的导出格式：

- HTML：详细浏览报告一组 HTML 文件。
- Zipped HTML：同上，但压缩成一个文件。
- XML：覆盖数据作为一个单一的、结构化的 XML 文件。
- CSV：覆盖数据级粒度为逗号分隔的值。
- Execution data file：Jacoco 执行数据格式。

选择导出的位置，点击"Finish"按钮，如图 3-11 所示。

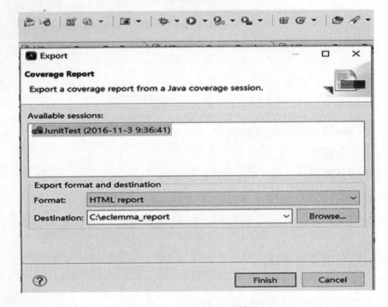

图 3-11　导出报告选择界面

导出完成后，EclEmma 会自动生成报告，如图 3-12 所示。

Element	Missed Instructions	Cov.	Missed Branches	Cov.	Missed	Cxty	Missed	Lines	Missed	Methods	Missed	Classes
JdbcPersonDao		0%		0%	4	4	19	19	3	3	1	1
Person		30%		n/a	8	11	11	19	8	11	0	1
HibernatePersonDao		82%		n/a	0	3	2	11	0	3	0	1
WordUtil		95%		67%	2	5	1	10	0	2	0	1
Total	109 of 196	44%	4 of 8	50%	14	23	33	59	11	19	1	4

图 3-12　导出 EclEmma 会自动生成报告

小 结

在做单元测试时,代码覆盖率常常作为衡量测试好坏的指标。甚至用代码覆盖率来考核测试任务完成情况,比如,代码覆盖率必须达到 80% 或 90%。于是测试人员费尽心思设计案例覆盖代码。用代码覆盖率作为衡量指标,有利有弊。代码覆盖程度的度量方式有如下常用的几种:①语句覆盖(statement coverage),这是最常用也是最常见的一种覆盖方式;②判定覆盖(decision coverage),度量判定中的每个子表达式结果 true 和 false 是否被测试到了;③条件覆盖(condition coverage),度量是否函数的每一个分支都被执行。最后介绍 EclEmma 在 Eclipse 中如何安装和使用。

4 Stub 与 Mock Object 技术

在软件外包项目中开发应用程序时，可能会发现想要测试的代码段依赖于其他的类，而它们本身也依赖于另一些类，这些类则要依赖于开发环境。依赖的类或环境由于外包项目开发进度或分工的原因，暂时没有实现，或者实现的过程过于复杂，那么使用 Stub 与 Mock Object 技术进行隔离测试是最优的解决方案。

例如，应用程序使用 HTTP 连接由第三方提供 Web 服务器，但是在开发环境里通常不存在这样一个可用的服务器程序，所以，需要一种方法模仿服务器，这样方可以编写测试代码。

还有另外一种情况，假设你同其他开发者一起开发一个项目，你想测试项目中你的那一部分，但其他部分还没有完成，那该怎么办呢？解决的办法是用一个仿造品模拟缺失的部分。

4.1 使用 Stub 进行粗粒度测试

在进行单元测试时，会发现要测试的代码有时会依赖于其他的类或者外部环境。在单元测试中，通常关注的是主要测试对象的功能和行为。对于主要测试对象涉及的次要对象尤其是一些依赖，仅关注主要测试对象和次要测试对象的交互，比如是否调用、何时调用、调用的参数、调用的次数和顺序等，以及返回的结果或发生的异常。但并不关注次要对象如何执行这次调用的具体细节，因此常见的技巧就是用 stub 对象或 mock 对象替代真实的次要对象，模拟真实场景进行对主要测试对象的测试工作。

4.1.1 Stub 简介

Stub 机制是用以模拟可能存在或还没写完的真实代码所产生的行为。它能顺利地测试系统的一部分，而无须考虑其他部分是否可行。通常，Stub 不会改变测试的代码，只是加以适配以提供无缝整合。

定义：Stub 是代码的一部分，在运行时用 Stub 替换真正代码，忽略调用代码的实现。目的是用一个简单一点的行为替换一个复杂的行为，从而允许独立地测试代码的某一部分。

(1) 一些用到 Stub 的例子：
- 不能修改一个现有的系统，因为它很复杂，很容易崩溃。
- 粗粒度测试，如在不同子系统之间进行集成测试。

通常，Stub 给测试的系统以相当好的可靠性。使用 Stub，并没有修改被测试的对象，所测试的对象就同将来产品中要运行的一样。用 Stub 进行测试一般在运行环境中完成，保证了系统运行的可靠性。

Stub 通常难以编写，尤其当仿真系统很复杂时。Stub 需要实现和替代的代码一样的逻辑，准确地再现复杂逻辑是一件很困难的事，而结果常常需要调试 Stub。

（2）不使用 Stub 的理由：
- Stub 常常很复杂，它们本身需要调试。
- 因为 Stub 的复杂性，它们可能会很难维护。
- Stub 不能很好地运用于细粒度测试。
- 不同的情况需要不同的策略。

Stub 更适合代替代码中粗粒度的部分，通常会用 Stub 代替成熟的外部系统，诸如文件系统、与服务器的连接、数据库等。用 Stub 替代对单一类的方法调用可以做到，但是比较难实现。

4.1.2 Stub 技术应用

先来看看下面的代码：

```java
import java.net.URL;
import java.net.HttpURLConnection;
import java.io.InputStream;
import java.io.IOException;

public class WebClient {
    public String getContent(URL url) {
        StringBuffer content = new StringBuffer();
        try {
            HttpURLConnection connection = (HttpURLConnection) url.openConnection();
            connection.setDoInput(true);
            InputStream is = connection.getInputStream();
            byte[] buffer = new byte[2048];
            int count;
            while (-1 != (count = is.read(buffer))) {
                content.append(new String(buffer, 0, count));
            }
        } catch (IOException e) {
            return null;
        }
        return content.toString();
    }
}
```

运行原理如图4-1所示。

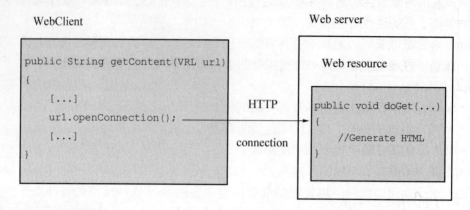

图4-1 显示一个程序例子——通过HTTP连接远程Web资源

测试目标是通过用Stub替换远程Web资源来对getContent方法执行单元测试。关于Stub最重要的一点是，getContent没有为接收Stub而作修改，对于被测试的程序而言是透明的。为了实现这点，被替换的外围代码需要有定义完善的接口，并允许插入不同的实现，如图4-2所示。

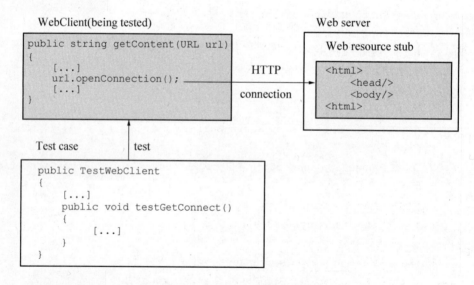

图4-2 WebClient测试方案

在案例程序中有两个可能的情况：
- 远程Web服务器位于开发平台的外围。
- 本身就是程序配置平台的一部分。

为了能够对WebClient类进行单元测试，必须在开发平台上建立一个服务器。

解决办法：为其安装一个Apache测试服务器，在它的文档根目录下放一些测试

Web 页面。这是典型的、广泛使用的替换方法，但它有缺陷：

（1）依赖环境——在测试前确保运行环境已经准备好。如果 Web 服务器关闭了，但测试被执行，结果必然是错误的。此时便会试着检查出错的原因，接着，会发现代码工作正常——这只是运行环境的问题，导致一个错误的警告。这种事情既浪费时间又令人厌烦，所以，在单元测试时，重要的一点是尽可能控制测试执行中的环境，这样才能保证测试结果的可再现性。

（2）分散的测试逻辑——测试逻辑被分散到两个不同的地方：一是在 JUnit TestCase，二是测试 Web 页面。这两种资源都需要在测试中保持同步。

（3）测试难以实现自动化——自动执行测试还是很困难，因为它需要在 Web 服务器上自动配置 Web 页面，自动启动 Web 服务器，而完成这一切仅仅是为了运行单元测试。

4.1.3 用 Jetty 作为嵌入式服务器

为什么是 Jetty？因为它有较快的运行速度，它是轻量级的，而且在 Java 中可以从 TestCase 中完全控制其运行。另外，它还是一个很好的 Web/Servlet 容器，可以在产品中使用它。这对于测试而言不是特别重要，但是使用最好的技术始终是一个好的策略。

使用 Jetty 能消除前文提到的不足之处：服务器从 JUnit test case 开始运行，所有测试都在同一个位置用 Java 编写，test suite 的自动化也成了一个微不足道的问题。得益于 Jetty 的模块性，要做的事情只是用 Stub 替换 Jetty 处理器，而不是替换整个服务器。

为了更好地了解如何从测试中建立和控制 Jetty，此处实现一个从 Java 代码中启动 Jetty 的简单例子。下面代码演示如何从 Java 中启动以及如何定义一个文档目录(/myjetty)以启动服务文件。

```java
package jetty;
import org.eclipse.jetty.server.Request;
import org.eclipse.jetty.server.Server;
import org.eclipse.jetty.server.handler.AbstractHandler;
import org.eclipse.jetty.server.handler.ContextHandler;
import javax.servlet.ServletException;
import javax.servlet.http.HttpServletRequest;
import javax.servlet.http.HttpServletResponse;
import java.io.IOException;
public class JettySample extends AbstractHandler {
    //自定义处理器,让服务器发给客户端一个字符串"<h1>My first Jetty!</h1>"
    public void handle(String target, Request baseRequest,
            HttpServletRequest request, HttpServletResponse response)
            throws IOException, ServletException {
        response.setContentType("text/html;charset=utf-8");
        response.setStatus(HttpServletResponse.SC_OK);
        baseRequest.setHandled(true);
```

```
            response.getWriter().println("<h1>My first Jetty!</h1>");
        }
        public static void main(String[] args) throws Exception {
            // 创建服务器的监听端口
            Server server = new Server(9999);
            // 创建一个上下文
            ContextHandler context = new ContextHandler();
            // 关联一个已经存在的上下文
            server.setHandler(context);
            // 设置上下文路径
            context.setContextPath("/myjetty");
            // 设置上下文的 Handler
            context.setHandler(new JettySample());
            // 启动服务
            server.start();
            server.join();
        }
    }
```

此程序为应用程序，运行后便启动了 Jetty 的服务，如图 4-3 所示。

图 4-3 Jetty 启动成功

用浏览器输入"http：//localhost：9999/myjetty/"便可以浏览到页面，如图 4-4 所示。

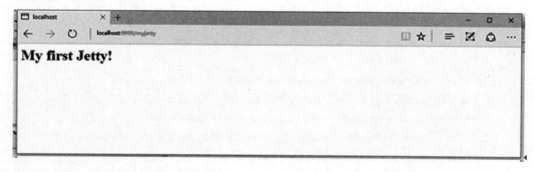

图 4-4 Jetty 启动后浏览页面

4.1.4 构建 Stubs 测试

上面通过几行简单的 Java 代码便能控制并启动 Jetty 服务器，通过 Handler 的方法向客户端发送指定的信息，并让客户端顺利获取到。接下来分析 WebClient 程序。在测试 WebClient 时，可以用 Jetty 作为嵌入服务器，通过在指定的 URL 下向客户端发送相关的信息，从而验证 WebClient 的逻辑是否正确。

代码的初步思路如下：

```java
public class TestWebClientSkeleton {
    @Before
    public void setUp() {
            // 启动 Jetty
        // 当客户端输入 http://localhost:9999/testGetContentOk 时
        // 服务器向客户客户端发送"My First Jetty!"
    }
    @After
    public void tearDown() {
        // 停止 Jetty.
    }
    @Test
    @Ignore(value = "此为测试的骨架,还需要进一步完善才能测试.")
    public void testGetContentOk() throws Exception {
        WebClient client = new WebClient();
        String result = client.getContent(new URL(
                "http://localhost:9999/testGetContentOk"));
        assertEquals("My First Jetty!", result);
    }
}
```

为了实现@Before 和@After 方法，有两个选择的方法。一种方法是可以准备一个包含有"My First Jetty!"文本的静态页面；另一个方法是配置 Jetty 使用自己定义的处理器，它可以直接返回字符串"My First Jetty!"，而不用在文件系统的文件中获取字符串。

现在创建一个 Jetty 的处理器，让它可以直接返回字符串"My First Jetty!"，代码如下：

```java
// 创建一个 Jetty Handler,返回调用"My First Jetty!"
private class TestGetContentOkHandler extends AbstractHandler {
    @Override
    public void handle(String target, Request baseRequest,
        HttpServletRequest request, HttpServletResponse response)
        throws IOException, ServletException {
        response.setContentType("text/html;charset=utf-8");
```

```
        response.setStatus(HttpServletResponse.SC_OK);
        baseRequest.setHandled(true);
        response.getWriter().write("My First Jetty!");
        response.getWriter().flush();
    }
}
```

上面的代码是创建一个处理类通过继承 Jetty 的 AbstractHandler 类，实现单个 Handler 方法来创建一个处理器。Jetty 调用 Handler 方法将收到的请求转发给处理器，然后使用 httpServletResponse 的对象来返回字符串"My First Jetty!"，该字符串被写入 HTTP 响应中，然后发送响应。

处理器编写好后，可通过 Jetty 调用 context.setHandler(New TestGetConntentOKHandler())使用处理器。下面要解决的问题是@Before 中设置 Jetty 的服务器并启动。

代码如下：

```
@Before
public void setUp() throws Exception {
    server = new Server(9999);
    WebClientTest t = new WebClientTest();
    ContextHandler contentOkContex = new ContextHandler();
    contentOkContex.setContextPath("/testGetContentOk");
    server.setHandler(contentOkContex);
    contentOkContex.setHandler(t.new TestGetContentOkHandler());
    server.setStopAtShutdown(true);
    System.out.println("服务启动!");
    server.start();
}
```

@After 的功能主要负责关闭服务器。代码如下：

```
@After
    public void tearDown() throws Exception {
        server.stop();
        System.out.println("服务停止!");
    }
```

接下来就是@Test 的方法，按照之前骨架的思想，最后把所有的代码整合在一起，形成一个完整的代码，如下：

```
package web;

import static org.junit.Assert.*;

import java.io.IOException;
```

```java
import java.net.URL;
import javax.servlet.ServletException;
import javax.servlet.http.HttpServletRequest;
import javax.servlet.http.HttpServletResponse;
import org.eclipse.jetty.server.Request;
import org.eclipse.jetty.server.Server;
import org.eclipse.jetty.server.handler.AbstractHandler;
import org.eclipse.jetty.server.handler.ContextHandler;
import org.junit.After;
import org.junit.Before;
import org.junit.Test;

public class WebClientTest {
    private Server server;
        @Before
    public void setUp() throws Exception {
        server = new Server(9999);
        WebClientTest t = new WebClientTest();
        ContextHandler contentOkContex = new ContextHandler();
        contentOkContex.setContextPath("/testGetContentOk");
        server.setHandler(contentOkContex);
        contentOkContex.setHandler(t.new TestGetContentOkHandler());
        server.setStopAtShutdown(true);
        System.out.println("服务启动!");
        server.start();
    }
    @After
    public void tearDown() throws Exception {
        server.stop();
        System.out.println("服务停止!");
    }
    @Test
    public void testGetContentOk() throws Exception {
        WebClient client = new WebClient();
        String result = client.getContent(new URL(
            "http://localhost:9999/testGetContentOk"));
        System.out.println(result);
        assertEquals("My First Jetty!", result);
    }
    // 创建一个Jetty Handler,返回调用"My First Jetty!"
    private class TestGetContentOkHandler extends AbstractHandler {
```

```java
        @Override
    public void handle(String target, Request baseRequest,
        HttpServletRequest request, HttpServletResponse response)
        throws IOException, ServletException {
    response.setContentType("text/html;charset=utf-8");
    response.setStatus(HttpServletResponse.SC_OK);
    baseRequest.setHandled(true);
    response.getWriter().write("My First Jetty!");
    response.getWriter().flush();
        }
    }
}
```

在上面的代码中发现,定义处理器的类 TestGetContentOkHandler 时,把它放入内部类中,这是测试的习惯。因为这个类只有在测试中才会用到,不会被其他类所引用,而且在自动化测试过程中,这个类始终跟测试类放在一起,从而保证自动化的完成。

代码完成后,运行的结果如图 4-5 所示。

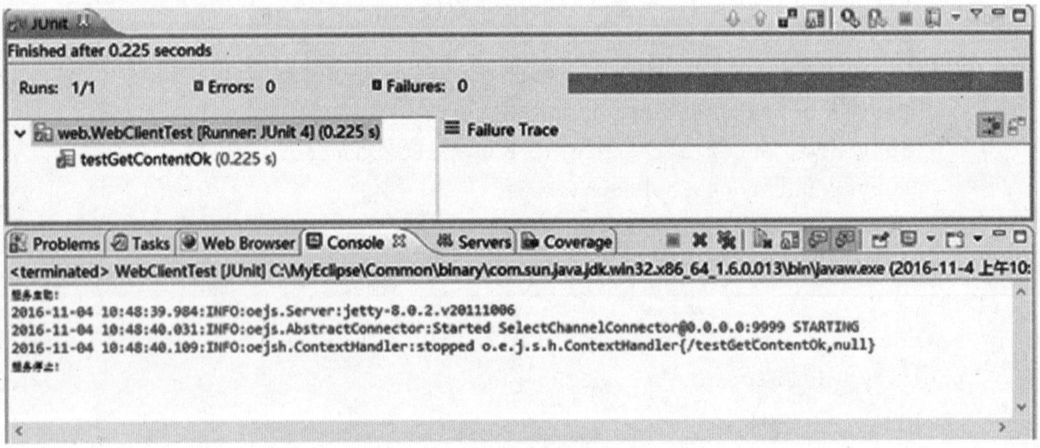

图 4-5 测试结果

从测试的结果来看,测试跟预期的是一样的。Jetty 服务器启动,客户端发送请求,服务器响应,并向客户端发给了一个字符串,客户端成功接收到对应的字符串,从而证明被测程序逻辑的正确性。

上面的测试是测试服务器的正常情况,还要针对服务器故障情况进行测试,直到服务器发生故障时,WebClient.getContent(Url) 方法就返回一个 Null 值。实际过程中也有这个测试需求。有了前面的基础,只需要创建一个新的 Jetty Handler 方法,用来返回一个错误码即可。让 Jetty 提供一个 ErrorHandler 及 NotFoundHandler 处理器。代码如下:

```java
    //ContentError 相对应的 Handler
private class TestGetContentServerErrorHandler extends AbstractHandler {
public void handle(String target, Request baseRequest,
HttpServletRequest request, HttpServletResponse response)
throws IOException, ServletException {
//发送错误代码 503
response.sendError(HttpServletResponse.SC_SERVICE_UNAVAILABLE);
        }
    }
    //ContentNotFound 相对应的 Handler
private class TestGetContentNotFoundHandler extends AbstractHandler {
    public void handle(String target, Request baseRequest,
HttpServletRequest request, HttpServletResponse response)
throws IOException, ServletException {
//发送错误代码 404
    response.sendError(HttpServletResponse.SC_NOT_FOUND);
        }
    }
```

与之对应的 Jetty 服务设置为如下的情况：

```java
//ContentError 的情况
ContextHandler contentErrorContext = new ContextHandler();
contentErrorContext.setContextPath("/testGetContentError");//设置错误的路径
contentErrorContext.setHandler(t. new TestGetContentServerErrorHandler());
    //ContentNotFound 的情况
ContextHandler contentNotFoundContext = new ContextHandler();
contentNotFoundContext.setContextPath("/testGetContentNotFound");
    //设置没有定义的路径
```

根据上面的测试代码把正常、错误和没有定义 URL 三种情况整合成一个完整的测试用例，代码如下：

```java
package web;
import static org.junit.Assert.*;
import java.io.IOException;
import java.net.URL;
import javax.servlet.ServletException;
import javax.servlet.http.HttpServletRequest;
import javax.servlet.http.HttpServletResponse;
import org.eclipse.jetty.server.Request;
import org.eclipse.jetty.server.Server;
import org.eclipse.jetty.server.handler.AbstractHandler;
```

```java
import org.eclipse.jetty.server.handler.ContextHandler;
import org.junit.After;
import org.junit.Before;
import org.junit.Test;

public class WebClientTest {
    private Server server;
    private WebClient client;
    @Before
    public void setUp() throws Exception {
        client = new WebClient();
    server = new Server(9999);
    WebClientTest t = new WebClientTest();
    // content 正常的情况
    ContextHandler contentOkContex = new ContextHandler();
    contentOkContex.setContextPath("/testGetContentOk");
    server.setHandler(contentOkContex);
    contentOkContex.setHandler(t.new TestGetContentOkHandler());
    // ContentError 的情况
    ContextHandler contentErrorContext = new ContextHandler();
    contentErrorContext.setContextPath("/testGetContentError");
    contentErrorContext.setHandler(t.new TestGetContentServerErrorHandler());
    // ContentNotFound 的情况
    ContextHandler contentNotFoundContext = new ContextHandler();
    contentNotFoundContext.setContextPath("/testGetContentNotFound");
    contentNotFoundContext.setHandler(t.new TestGetContentNotFoundHandler());
        server.setStopAtShutdown(true);
        System.out.println("服务启动!");
        server.start();
}
@After
public void tearDown() throws Exception {
        server.stop();
        System.out.println("服务停止!");
}
// 测试正常情况
@Test
public void testGetContentOk() throws Exception {
        WebClient client = new WebClient();
        String result = client.getContent(new URL("http://localhost:9999/testGetContentOk"));
```

```java
    assertEquals("My First Jetty!", result);
}
// 测试 Error 情况
@Test
public void testGetContentError() throws Exception {
    String result = client.getContent(new URL("http://localhost:8084/testGetContentError/"));
    assertNull(result);
}
// 测试 NotFound 情况
@Test
public void testGetContentNotFound() throws Exception {
    String result = client.getContent(new URL("http://localhost:8084/testGetContentNotFound"));
    assertNull(result);
}
// 创建一个 Jetty Handler,返回调用"My First Jetty!"
private class TestGetContentOkHandler extends AbstractHandler {
    @Override
    public void handle(String target, Request baseRequest,
            HttpServletRequest request, HttpServletResponse response)
            throws IOException, ServletException {
        response.setContentType("text/html;charset=utf-8");
        response.setStatus(HttpServletResponse.SC_OK);
        baseRequest.setHandled(true);
        response.getWriter().write("My First Jetty!");
        response.getWriter().flush();
    }
}
// ContentError 相对应的 Handler
private class TestGetContentServerErrorHandler extends AbstractHandler {
    public void handle(String target, Request baseRequest,
            HttpServletRequest request, HttpServletResponse response)
            throws IOException, ServletException {
        response.sendError(HttpServletResponse.SC_SERVICE_UNAVAILABLE);
    }
}
    // ContentNotFound 相对应的 Handler
    private class TestGetContentNotFoundHandler extends AbstractHandler {
        public void handle(String target, Request baseRequest,
```

```
            HttpServletRequest request, HttpServletResponse response)
            throws IOException, ServletException {
        response.sendError(HttpServletResponse.SC_NOT_FOUND);
    }
}
```

三种情况整合后的运行结果如图 4-6 所示。

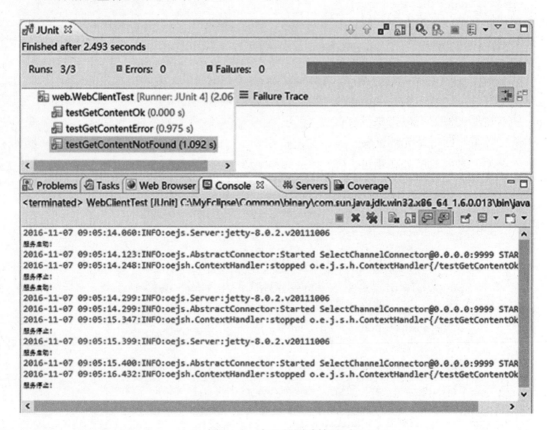

图 4-6　完整的测试结果

通过上面的例子，成功替换了 Web 需要连接的服务器资源。在整个代码中，利用 Jetty 作为嵌入式的 Web 服务器，通过几行简单的代码把它控制在测试用例里面，从而满足测试的需要，达到自动化测试的目的。

4.2　使用 Mock Object 进行细粒度测试

孤立于其他方法和环境而单元测试每一个方法，这显然是个值得追求的目标。但如何实现呢？前面讲过 Stub 技术怎样把代码和环境隔离起来而进行单元测试，那么诸如隔离调用其他类的方法此类的细粒度隔离又如何呢？可行吗？实现这些会不会需要付出很大的努力，从而抵消进行测试所带来的收益？

答案是："可以实现的"。这项技术叫作 Mock Objects（简称 Mocks）。假设要单元测试每一个方法，Mock Objects 策略允许在可能的最细等级上进行单元测试，逐个方法地进行测试。

4.2.1 Mock Object 简介

隔离测试有着巨大的好处，如可以测试还未写完的代码，另外，隔离测试能帮助团队单元测试代码的一部分，而无须等待全部代码完成。最大的好处在于编写专门测试单一方法的代码，免去了被测试的方法调用其他对象而带来的副作用。

Mock Object 非常适合把部分代码逻辑的测试与其他的代码隔离开来。Mocks 替换了测试中方法协作的对象，从而提供了隔离层。从这个意义来说它跟 Stub 类似。

隔离测试确实可以带来巨大的好处，比如可以测试还没有写完的代码。另外，隔离测试可以帮助团队单元测试某一部分代码，而无须等到其他代码全部完成。

不过，最大的好处在于可以编写专门测试单一方法的测试代码，而不会受到被测试方法调用某个对象所带来的副作用影响。这点在编写小型的专项测试时非常有用。使用细粒度测试，受到潜在影响的测试就会比较少，而且测试会提供精确的信息，指出错误的确切原因。

4.2.2 使用 Mock Object 进行单元测试

下面通过外包项目中一个简单的账户转账的例子来展示使用 Mock Object 进行单元测试的方法。账户转账的代码逻辑如图 4-7 所示。

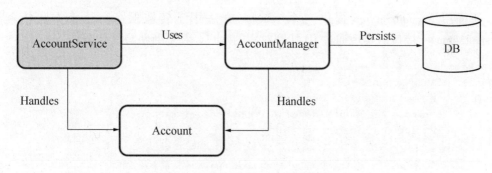

图 4-7 账户转账相关类的逻辑关系

AccountService 类提供与 Account 相关的服务，使用 AccountManager 将数据持久保存到数据库。而我们要测试的是 AccountService.transfer 方法的执行，来完成转账的动作。

Account 类带有两个属性——账户 ID 和账户余额，并提供取款、存款及查余额的方法，代码如下：

```java
package account;
public class Account {
  private String accountId;
  private long balance;
  public Account(String accountId, long initialBalance) {
      this.accountId = accountId;
      this.balance = initialBalance;
  }
  public void debit(long amount) {//取款
      this.balance -= amount;
  }

  public void credit(long amount) {//存款
      this.balance += amount;
  }
  public long getBalance() {//查余额
      return this.balance;
  }
}
```

接下来的 AccountManager 接口管理 Account 对象的生命周期与持久性。代码如下：

```java
package account;
public interface AccountManager {
    //通过ID来查找账户
    Account findAccountForUser(String userId);
    //更新账户.
    void updateAccount(Account account);
}
```

下面用 AccountService 提供一个 transfer 方法用于转账服务。这个方法依赖于 AccountManager 接口的实现通过 ID 找到对应的账户，并更新账户。代码如下：

```java
package account;
public class AccountService {
    private AccountManager accountManager;
    public void setAccountManager(AccountManager manager) {
        this.accountManager = manager;
    }

    public void transfer(String senderId, String beneficiaryId, long amount) {
        Account sender = this.accountManager.findAccountForUser(senderId);
        Account beneficiary = this.accountManager.findAccountForUser(beneficiaryId);
        sender.debit(amount);
        beneficiary.credit(amount);
        this.accountManager.updateAccount(sender);
        this.accountManager.updateAccount(beneficiary);
    }
}
```

从上面的代码可以发现，如果要单元测试 AccountService.transfer 的方法，必须要找到 AccountManager 接口的实现。但由于 AccountManager 的实现可能会出现两种情况：其一，AccountManager 的实现是用 ODBC 或用中间件来实现的，实现的过程比较复杂，在测试的过程中很难保证本身的可靠性，并且在自动化测试中测试数据存入数据库后自动删除的问题都比较棘手。其二，AccountManager 接口可能还没有实现，想用都没得用。

要对 AccountService.transfer 的方法进行单元测试。可以使用 Mock Object 技术替换测试中的协作对象（account manager），从而提供隔离层。也即要为单元测试写一个 AccountManager 的实现，但这个实现并不需要真正去连接数据库，只需要满足单元测试的要求。AccountManager 里有两个方法，需要使用一个 Mock 来实现 AccountManager 接口，实现隔离测试。

MockAccountManager 的代码如下：

```java
public class MockAccountManager implements AccountManager {
//创建一个 HashMap 用来存储 Account 对象
    private Map<String, Account> accounts = new HashMap<String, Account>();
//创建一个把 Account 对象放入到 HashMap 里的方法.
    public void addAccount(String userId, Account account) {
        this.accounts.put(userId, account);
    }
//实现 findAccountForUser 的方法,用 HashMap 代替到真正数据库里找
    public Account findAccountForUser(String userId) {
        return this.accounts.get(userId);
    }
//实现 updateAccount 的方法,由于没有返回值,因此不具体做什么
    public void updateAccount(Account account) {
        // do nothing
    }
}
```

在上面的 Mock 中，并没有实现真正的业务逻辑，只做了测试要求它做的事情，所以在 Mock 里要以简单、容易生成为原则。

现在可以对 AccountServer.tranfer 中的方法进行测试，代码如下：

```java
public class TestAccountService {
    @Test
    public void testTransferOk() {
//创建一个 MockAccountManager 对象,定义了在操作两个账户被调用时返回结果
    MockAccountManager mockAccountManager = new MockAccountManager();
    Account senderAccount = new Account("1", 200);
    Account beneficiaryAccount = new Account("2", 100);
    mockAccountManager.addAccount("1", senderAccount);
    mockAccountManager.addAccount("2", beneficiaryAccount);
//测试执行
```

```
AccountService accountService = new AccountService();
//注入 MockAccountManager
accountService.setAccountManager(mockAccountManager);
accountService.transfer("1", "2", 50);
//断言
assertEquals(150, senderAccount.getBalance());
assertEquals(150, beneficiaryAccount.getBalance());
}
}
```

Mock Object 适用于将某一部分代码与其他代码隔开来,并对这部分代码进行测试。Mock 替换了测试中需要的协作对象,从而提供了一个隔离层。Mock Object 的好处:

第一,隔绝其他模块出错引起本模块的测试错误。

第二,隔绝其他模块的开发状态,只要定义了接口,不用管协作对象是否完成、有没有 debug。

第三,一些速度较慢的操作,可以用 Mock Object 代替,快速返回。

第四,一些难以在真实环境中实现的条件,可以用 Mock Object 代替。

小 结

Stub 和 Mock Object 在软件外包项目中的测试尤其是单元测试中是两个非常重要的概念。在测试过程中通常关注的是主要测试对象的功能和行为,对于主要测试对象涉及的次要对象尤其是一些依赖,仅仅关注主要测试对象和次要测试对象的交互,比如是否调用、何时调用、调用的参数、调用的次数和顺序等,以及返回的结果或发生的异常。但并不关注次要对象如何执行该次调用的具体细节,因此常见的技巧就是用 Mock 对象或者 Stub 对象替代真实的次要对象,模拟真实场景进行对主要测试对象的测试工作。

Stub 更适合代替代码中粗粒度的部分,通常会用 Stub 代替成熟的外部系统,诸如文件系统、与服务器的连接、数据库等。用 Stub 替代对单一类的方法调用虽然可以做到,但是比较难实现。

Mock Object 最大的好处是可以编写专门测试单一方法的测试代码,而不会受到被测试方法调用某个对象所带来的副作用影响,这点在编写小型的专项测试时非常有用。使用细粒度测试,受到潜在影响的测试就会比较少,而且测试会提供精确的信息,指出错误的确切原因。

5 EasyMock 与 JMock 的使用

Mock 方法是软件服务外包单元测试中常见的一种技术，它的主要作用是模拟一些在应用中不容易构造或者比较复杂的对象，从而把测试与测试边界以外的对象隔离开。但是软件外包项目往往工期短，进度要求比较快，而编写自定义的 Mock 对象需要额外的编码工作，无形中增加了工作量，同时也可能引入错误。有没有更好的解决方案呢？答案是肯定的。目前，有许多开源项目对动态构建 Mock 对象提供了支持，这些项目能够根据现有的接口或类动态生成，这样不仅能避免额外的编码工作，同时也降低了引入错误的可能。

5.1 EasyMock 的使用

EasyMock 是一套用于通过简单的方法对于给定的接口生成 Mock 对象的类库。它提供对接口的模拟，能够通过录制、回放、检查三步来完成大体的测试过程，可以验证方法的调用种类、次数、顺序，可以令 Mock 对象返回指定的值或抛出指定异常。通过 EasyMock，我们可以方便地构造 Mock 对象从而使单元测试顺利进行。EasyMock 有如下好处：

- 不用手写——没有必要通过自己编写的模拟对象。
- 重构安全——重构接口方法的名称或重新排序的参数不会破坏测试代码在运行时创建。
- 返回值支持——支持返回值。
- 异常支持——支持例外/异常。
- 命令检查支持——支持检查命令方法调用。
- 注释支持——支持使用注解创建。

EasyMock 是采用 MIT license 的一个开源项目，可以在 http://easymock.org/ 上下载到相关的 Zip 文件。目前可以下载的 EasyMock 最新版本是 3.4。EasyMock 要求 Java 1.5.0 以上、Objenesis2.0 以上。

5.1.1 Mock 对象生命周期

EasyMock 的 Mock 对象生命周期如图 5-1 所示。

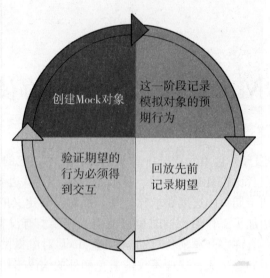

图 5-1 Mock 对象生命周期

5.1.2 EasyMock 的使用方法

下面通过一个例子来讲解 EasyMock 的使用方法。

创建一个接口 CalculatorService，其目的是提供各种计算相关的功能。

```
public interface CalculatorService {
    public double add(double input1, double input2);
    public double subtract(double input1, double input2);
    public double multiply(double input1, double input2);
    public double divide(double input1, double input2);
}
```

创建一个 Java 类来表示 MathApplication。

```
public class MathApplication {
    private CalculatorService calcService;
    public void setCalculatorService(CalculatorService calcService) {
        this.calcService = calcService;
    }

    public double add(double input1, double input2) {
        return calcService.add(input1, input2);
    }
    public double subtract(double input1, double input2) {
```

```
        return calcService.subtract(input1, input2);
    }
    public double multiply(double input1, double input2) {
        return calcService.multiply(input1, input2);
    }
    public double divide(double input1, double input2) {
        return calcService.divide(input1, input2);
    }
}
```

要测试 MathApplication 类，通过它注入 CalculatorService 作一个模拟。Mock 将由 EasyMock 创建。

```
import org.easymock.EasyMock;
import org.easymock.EasyMockRunner;
import org.easymock.Mock;
import org.easymock.TestSubject;
import org.junit.Assert;
import org.junit.Before;
import org.junit.Test;
import org.junit.runner.RunWith;

//@RunWith 指定 EasyMockRunner 为测试运行器,以初始化测试数据
@RunWith(EasyMockRunner.class)
public class MathApplicationTest {

    //@TestSubject 用来标识要使用模拟对象的类
    @TestSubject
    MathApplication mathApplication = new MathApplication();
    //@Mock 注释是用来创建要被注入的模拟对象
    @Mock
    CalculatorService calcService;
    @Test
    public void testAdd(){
        //添加 calcService 的 add 方法的两个数
        EasyMock.expect(calcService.add(10.0,20.0)).andReturn(30.00);
        //回放 calcService
        EasyMock.replay(calcService);

        //测试方法并做断言
        Assert.assertEquals(mathApplication.add(10.0, 20.0),30.0,0);
        //做内部交互的验证
        EasyMock.verify(calcService);
    }
}
```

record – replay – verify 模型容许记录 Mock 对象上的操作然后重演并验证这些操作。这是目前 Mock 框架领域最常见的模型，几乎所有的 Mock 框架都用这个模型。

1. record

```
EasyMock.expect(calcService.add(10.0,20.0)).andReturn(30.00);
```

这里开始创建 Mock 对象，并期望这个 Mock 对象的方法被调用，同时给出希望这个方法返回的结果。这就是所谓的"记录 Mock 对象上的操作"，同时也会看到"expect"这个关键字。在 record 阶段，需要给出的是对 Mock 对象的一系列期望：若干个 Mock 对象被调用，依从给定的参数、顺序、次数等，并返回预设好的结果（返回值或者异常）。这里已经指示 EasyMock，行为添加 10 和 20 到 calcService 的添加方法并作为其结果，返回值 30.00。EasyMock 之中如果没有明确指出调用次数，默认为 1，如果要指定调用次数，需要在后面加 times(n)，n 表示次数，如下面的代码表示调用 3 次。

```
EasyMock.expect(calcService.add(10.0,20.0)).andReturn(30.00)).times(3);
```

EasyMock 提供很多的方法来改变预期的调用计数，如：
- times(int min, int max)——最小值和最大值之间的预期调用。
- atLeastOnce()——预期至少有一个调用。
- anyTimes()——预期调用的数量不受限制。

2. replay

```
EasyMock.replay(calcService);
```

在 replay 阶段，关注的主要测试对象将被创建，之前在 record 阶段创建的相关依赖被关联到主要测试对象，然后执行被测试的方法，以模拟真实运行环境下主要测试对象的行为。

在测试方法执行过程中，主要测试对象的内部代码被执行，同时和相关的依赖进行交互：以一定的参数调用依赖的方法，获取并处理返回。期待这个过程如在 record 阶段设想的交互场景一致，即期望在 replay 阶段，所有在 record 阶段记录的行为都将被完整而准确地重新演绎一遍，从而达到验证主要测试对象行为的目的。

3. verify

```
Assert.assertEquals(mathApplication.add(10.0, 20.0),30.0,0);
EasyMock.verify(calcService);
```

在 verify 阶段，将验证测试结果和交互行为。

通常验证分为两部分：一部分是验证结果，即主要测试对象的测试方法返回的结果（对于异常测试场景则是抛出的异常）是否如预期，通常这个验证过程需要自行编码实现。另一部分是验证交互行为，典型如依赖是否被调用，调用的参数、顺序和次数，这部分的验证过程通常由 Mock 框架自动完成。

EasyMock 提供了一个功能，用以模拟抛出异常，所以异常处理可以进行测试。

```
EasyMock.expect(calcService.add(10.0,20.0)).andThrow(new RuntimeException
("Add operation not implemented"));
```

在这里，添加了一个异常子类模仿对象。MathApplication 使其 calcService 在调用 add()方法时抛出 RuntimeException 异常。

```
import org.easymock.EasyMock;
import org.easymock.EasyMockRunner;
import org.easymock.Mock;
import org.easymock.TestSubject;
import org.junit.Assert;
import org.junit.Test;
import org.junit.runner.RunWith;
@RunWith(EasyMockRunner.class)
public class MathApplicationExceptionTest {
    @TestSubject
    MathApplication mathApplication = new MathApplication();
    @Mock
    CalculatorService calcService;
    //测试期望抛出 RuntimeException 异常
    @Test(expected = RuntimeException.class)
    public void testAdd(){
        //添加一个期望抛出 RuntimeException 异常的 add 方法
        EasyMock.expect(calcService.add(10.0,20.0)).andThrow(new RuntimeException("Add operation not implemented"));
        EasyMock.replay(calcService);
        Assert.assertEquals(mathApplication.add(10.0, 20.0),30.0,0)
        EasyMock.verify(calcService);
    }
}
```

在上面的代码中，@Test(expected = RuntimeException.class)，@Test 是注解，表明这个方法要用来测试括号里面的内容，当这个方法抛出 RuntimeException 时测试成功。

5.1.3　EasyMock 创建模拟对象方法

到目前为止，已经使用注解来创建 Mocks 对象，EasyMock 还提供了另外几种方法来创建模拟对象。

1. EasyMock.createMock()

EasyMock.createMock()用于创建模拟对象，但要注意的是，当有多个模拟对象被创建时，在创建对象的过程中的先后关系，对后面在使用这些模拟对象是没有影响的。

```
CalculatorService calcService = EasyMock.createMock(CalculatorService.class);
```

在下面的代码中，通过 expect()方法，让模拟对象 calcService 在调用 add()和 subtract()时，返回期望所得到的结果。

```
EasyMock.expect(calcService.add(20.0,10.0)).andReturn(30.0);
EasyMock.expect(calcService.subtract(20.0,10.0)).andReturn(10.0);
```

但在测试过程中,调用 Add( )方法前调用 subtract( )不受影响,如下所示:

```
//test the substract functionality
Assert.assertEquals(mathApplication.subtract(20.0, 10.0),10.0,0);
//test the add functionality
Assert.assertEquals(mathApplication.add(20.0, 10.0),30.0,0);
```

2. EasyMock.createStrictMock( )

EasyMock.createStrictMock( )创建模拟对象,但要注意,当有多个模拟对象被创建时,在创建对象的过程中的先后关系,对后面在使用这些模拟对象是有影响的。

```
public class MathApplicationStrictMockTest {
    private MathApplication mathApplication;
    private CalculatorService calcService;
    @Before
    public void setUp(){
        mathApplication = new MathApplication();
        calcService = EasyMock.createStrictMock(CalculatorService.class);
        mathApplication.setCalculatorService(calcService);
    }
    @Test
    public void testAddAndSubstract(){
        //add the behavior to add numbers
        EasyMock.expect(calcService.add(20.0,10.0)).andReturn(30.0);
        //subtract the behavior to subtract numbers
        EasyMock.expect(calcService.subtract(20.0,10.0)).andReturn(10.0);
        //activate the mock
        EasyMock.replay(calcService);
        //test the substract functionality
        Assert.assertEquals(mathApplication.subtract(20.0, 10.0),10.0,0);
        //test the add functionality
        Assert.assertEquals(mathApplication.add(20.0, 10.0),30.0,0);
        //verify call to calcService is made or not
        EasyMock.verify(calcService);
    }
}
```

测试并没有通过。因为 Strict Mock 方式下默认开启调用顺序检测,而我们在测试中先用 subtract 后再用 add,所以测试没有通过。测试结果如图 5-2 所示。

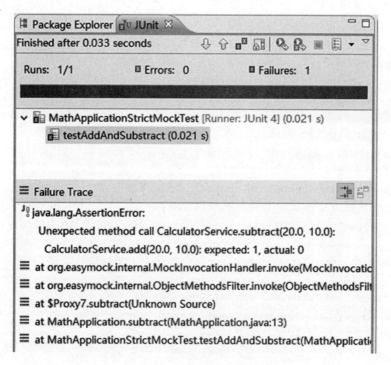

图 5-2 Strict Mock 方式下的测试结果

3. EasyMock.createNiceMock()

EasyMock.createNiceMock()创建了模拟,并设置模拟的每个方法的默认实现。

与createMock()相同的是,默认不开启调用顺序检测,另外有一个非常有用的功能就是对于意料之外的调用将返回0、null 或者 false。之所以说有用,是因为在实际开发过程中,有时会有这样的需求:对于某个 Mock 对象的调用(可以是部分,也可以是全部),完全不介意调用细节,包括是否调用和调用顺序、参数、返回值,只要求 Mock 对象容许程序可以继续而不是抛出异常报告 unexpected invocations。NiceMock 在这种情况下可以节省大量的工作,非常方便。

```
@RunWith(EasyMockRunner.class)
public class MathApplicationNiceMockTest {

    private MathApplication mathApplication;

    private CalculatorService calcService;

    @Before
    public void setUp(){
        mathApplication = new MathApplication();
        calcService = EasyMock.createNiceMock(CalculatorService.class);
        mathApplication.setCalculatorService(calcService);
```

```
        }
    @Test
        public void testCalcService(){
            //add the behavior to add numbers
        EasyMock.expect(calcService.add(20.0,10.0)).andReturn(30.0);
        //activate the mock
        EasyMock.replay(calcService);
        //test the add functionality
        Assert.assertEquals(mathApplication.add(20.0, 10.0),30.0,0);
            //test the substract functionality
        Assert.assertEquals(mathApplication.subtract(20.0, 10.0),0.0,0);
            //test the multiply functionality
        Assert.assertEquals(mathApplication.divide(20.0, 10.0),0.0,0);
            //test the divide functionality
        Assert.assertEquals(mathApplication.multiply(20.0, 10.0),0.0,0);
        //verify call to calcService is made or not
        EasyMock.verify(calcService);
    }
        }
```

从上面的代码中,发现在 record 并没有对 subtract、divide、multiply 三个方法进行记录,但它在测试中默认返回结果为 0。测试结果是通过的。

5.2 JMock 的使用

在 Mock 的框架里,还有一个工具用于隔离测试,其基本的思想跟 EasyMock 是一样的。只不过编写的格式有所不同。JMock 可以到 http://www.jmock.org/download.html 下载。

下面通过一个例子来介绍 JMock 的使用。

```
public class UserManager {
    public AddressService addressService;

    public Address findAddress(String userName) {
        return addressService.findAddress(userName);
    }

    public Iterator<Address> findAddresses(String userName) {
        return addressService.findAddresses(userName);
    }
}
```

有了一个 UserManager，要测试它的方法，但是，UserManager 是依赖于 AddressService 的。这里准备为 AddressService 创建 Mock 对象。测试代码如下：

```java
public class UserManagerTest {
    @Test
    public void testFindAddress() {
        // 建立一个 test 上下文对象
        Mockery context = new Mockery();
        // 生成一个 Mock 对象
        final AddressService addressServcie = context
            .mock(AddressService.class);
        // 设置期望
        context.checking(new Expectations() {
        {
        // 当参数为"allen"时,addressService 对象的 findAddress 方法被调用一次，
        // 并且返回西安.
            oneOf(addressService).findAddress("allen");
                will(returnValue(Para.Xian));
        }
        });
        UserManager manager = new UserManager();
        // 设置 Mock 对象
        manager.addressService = addressService;
        // 调用方法
        Address result = manager.findAddress("allen");
        // 验证结果
        assertEquals(Result.Xian, result);
    }
}
```

5.2.1 JMock 测试的流程

上面的代码中就是一个简单的 JMock 测试的大致流程：

(1) 首先，建立一个 test 上下文对象。

(2) 用这个 Mockery context 为 AddressService 建立一个 Mock 对象。

(3) 设置这个 mock AddressService 的 findAddress 应该被调用 1 次，并且参数为 "allen"。

(4) 生成 UserManager 对象，设置 addressService，调用 findAddress。

(5) 验证期望被满足。

最显著的优点就是，没有 AddressService 的具体实现，一样可以测试对 AddressService 接口有依赖的其他类的行为。也就是说，通过创建一个 Mock 对象来隔离

这个对象对要测试的代码的影响。

由于大致的流程一样，这里提供一个抽象类来模板化 JMock 的使用。

```java
public abstract class TestBase {
    //建立一个 test 上下文对象
    protected Mockery context = new Mockery();
    //生成一个 Mock 对象
    protected final AddressService addressService = context.mock(AddressService.class);
    /**
     * 要测试的 userManager
     **/
    protected UserManager manager;
    /**
     * 设置 UserManager, 并且设置 mock 的 addressService
     **/
    private void setUpUserManagerWithMockAddressService() {
        manager = new UserManager();
        // 设置 Mock 对象
        manager.addressService = addressService;
    }
    /**
     * 调用 findAddress, 并且验证返回值
     *
     * @param userName
     *              userName
     * @param expected
     *              期望返回的地址
     **/
    protected void assertFindAddress(String userName, Address expected) {
        Address address = manager.findAddress(userName);
        Assert.assertEquals(expected, address);
    }
    /**
     * 调用 findAddress, 并且验证方法抛出异常
     **/
    protected void assertFindAddressFail(String userName) {
        try {
            manager.findAddress(userName);
            Assert.fail();
        } catch (Throwable t) {
```

```
            // Nothing to do.
        }
    }
    @Test
    public final void test() {
        setUpExpectation();
        setUpUserManagerWithMockAddressService();
        invokeAndVerify();
    }
    /**
     * 建立期望
     **/
    protected abstract void setUpExpectation();
    /**
     * 调用方法并且验证结果
     **/
    protected abstract void invokeAndVerify();
}
```

这样一来,以后的例子中只需关心 setUpExpectation()和 invokeAndVerify()方法即可。

5.2.2 JMock 期望框架

接下来看一个期望的框架。

```
invocation-count (mock-object).method(argument-constraints);
    //invocation-count,调用的次数约束;mock-object,mock 对象
    //method,方法;argument-constraints,参数约束
    inSequence(sequence-name);     //inSequence,顺序
    when(state-machine.is(state-name));    //当 mockery 的状态为指定时触发
    will(action);    //方法触发的动作
        then(state-machine.is(new-state-name));//方法触发后设置 mockery
                                                //的状态
```

5.2.3 设置返回值

调用一个方法,可以设置它的返回值,即设置 will(action)。

```
@Override
protected void setUpExpectation() {
    context.checking(new Expectations() {
        { // 当参数为"allen"时,addressService 对象的 findAddress 方法返回一个
Adress 对象
```

```
        allowing(addressService).findAddress("allen");
        will(returnValue(Para.BeiJing));
// 当参数为 null 时,抛出 IllegalArgumentException 异常
            allowing(addressService).findAddress(null);
            will(throwException(new IllegalArgumentException()));    }
    });
}
@Override
protected void invokeAndVerify() {
    assertFindAddress("allen", Result.BeiJing);
    assertFindAddressFail(null);
}
```

上面的代码演示了两种调用方法的结果,返回值和抛异常。使用 JMock 可以返回常量值,也可以根据变量生成返回值。抛异常是同样的,可以模拟在不同场景下抛的各种异常。

对于 Iterator 的返回值,JMock 也提供了特殊支持。

```
@Override
protected void setUpExpectation() {
    // 生成地址列表
    final List<Address> addresses = new ArrayList<Address>();
    addresses.add(Para.Xian);
    addresses.add(Para.HangZhou);
    final Iterator<Address> iterator = addresses.iterator();
    // 设置期望
    context.checking(new Expectations() {
        {
// 当参数为"allen"时, addressService 对象的 findAddresses 方法用 returnvalue
//返回一个 Iterator<Address>对象
            allowing(addressService).findAddresses("allen");
            will(returnValue(iterator));

            // 当参数为"dandan"时, addressService 对象的 findAddresses 方法用
//returnIterator返回一个 Iterator<Address>对象
            allowing(addressService).findAddresses("dandan");
            will(returnIterator(addresses));
        }
    });
}
@Override
protected void invokeAndVerify() {
    Iterator<Address> resultIterator = null;
```

```java
    // 第 1 次以"allen"调用方法
    resultIterator = manager.findAddresses("allen");
    // 断言返回的对象
    assertIterator(resultIterator);
    // 第 2 次以"allen"调用方法,返回与第一次一样的 iterator 结果对象,故此处无 next
    resultIterator = manager.findAddresses("allen");
    Assert.assertFalse(resultIterator.hasNext());
    // 第 1 次以"dandan"调用方法
    resultIterator = manager.findAddresses("dandan");
    // 断言返回的对象.
    assertIterator(resultIterator);
    // 第 2 次以"dandan"调用方法,返回的是一个全新的 iterator
    resultIterator = manager.findAddresses("dandan");
    // 断言返回的对象
    assertIterator(resultIterator);
}
/** 断言 resultIterator 中有两个期望的 Address */
private void assertIterator(Iterator<Address> resultIterator) {
    Address address = null;
    // 断言返回的对象
    address = resultIterator.next();
    Assert.assertEquals(Result.Xian, address);
    address = resultIterator.next();
    Assert.assertEquals(Result.HangZhou, address);
    // 没有 Address 了
    Assert.assertFalse(resultIterator.hasNext());
}
```

从这个例子可以看到 Iterator、returnValue 和 returnIterator 的不同。

```java
@Override
protected void setUpExpectation() {
    // 设置期望
    context.checking(new Expectations() {
        { // 当参数为"allen"时,addressService 对象的 findAddress 方法返回一个
          // Adress对象
            allowing(addressService).findAddress("allen");
            will(new Action() {
                @Override
                public Object invoke(Invocation invocation)
                    throws Throwable {
```

```
                return Para.Xian;
            }
            @Override
            public void describeTo(Description description) {
            }
        });
    }
});
}
   @Override
protected void invokeAndVerify() {
    assertFindAddress("allen", Result.Xian);
}
```

其实这里要返回一个 Action，该 Action 负责返回调用的返回值。这样，我们就可以自定义 Action 来返回调用的结果。而 returnValue、returnIterator、throwException 是 Expectations 提供的一些 static 方法，用以方便构建不同的 Action。

ReturnValueAction　直接返回结果

ThrowAction　抛出异常

ReturnIteratorAction　返回 Iterator

ReturnEnumerationAction　返回 Enumeration

DoAllAction　所有的 Action 都执行，但是只返回最后一个 Action 的结果

ActionSequence　每次调用返回其 Actions 列表中的下一个 Action 的结果

CustomAction　一个抽象的 Action，方便自定义 Action

下面举例说明 DoAllAction 和 ActionSequence 的使用，Java 代码如下：

```
@Override protected void setUpExpectation() {
    // 设置期望
    context.checking(new Expectations() {
        { // doAllAction
        allowing(addressService).findAddress("allen");
        will(doAll(returnValue(Para.Xian), returnValue(Para.HangZhou)));
// ActionSequence
        allowing(addressService).findAddress("dandan");
        will(onConsecutiveCalls(returnValue(Para.Xian),
            returnValue(Para.HangZhou)));
        }
    });
}
@Override
```

```
protected void invokeAndVerify() {
    assertFindAddress("allen", Result.HangZhou);
    assertFindAddress("dandan", Result.Xian);
    assertFindAddress("dandan", Result.HangZhou);
}
```

5.2.4 参数匹配

参数匹配即设置 argument-constraints，Java 代码如下：

```
@Override
protected void setUpExpectation() {
    // 设置期望
    context.checking(new Expectations() {
        {
//当参数为"allen"时,addressService 对象的 findAddress 方法返回一个 Adress 对象
            allowing(addressService).findAddress("allen");
            will(returnValue(Para.Xian));
// 当参数为"dandan"时,addressService 对象的 findAddress 方法返回一个 Adress 对象
            allowing(addressService).findAddress(with(equal("dandan")));
            will(returnValue(Para.HangZhou));
// 当参数包含"zhi"时,addressService 对象的 findAddress 方法返回一个 Adress 对象
            allowing(addressService).findAddress(
                with(new BaseMatcher<String>() {
                @Override
                public boolean matches(Object item) {
                    String value = (String) item;
                    if (value == null)
                        return false;
                    return value.contains("zhi");
                }
                @Override
                public void describeTo(Description description) {
                }
            }));
            will(returnValue(Para.BeiJing));
// 当参数为其他任何值时,addressService 对象的 findAddress 方法返回一个 Adress 对象
            allowing(addressService).findAddress(with(any(String.class)));
            will(returnValue(Para.ShangHai));
        }
```

```
        });

    }
    @Override
    protected void invokeAndVerify() {
        // 以"allen"调用方法
        assertFindAddress("allen", Result.Xian);
        // 以"dandan"调用方法
        assertFindAddress("dandan", Result.HangZhou);
        // 以包含"zhi"的参数调用方法
        assertFindAddress("abczhidef", Result.BeiJing);
        // 以任意一个字符串"abcdefg"调用方法
        assertFindAddress("abcdefg", Result.ShangHai);
    }
```

测试演示了直接匹配、equal 匹配、自定义匹配、任意匹配。其实，这些都是为了给参数指定一个 Matcher，以决定调用方法时是否接收这个参数。在 Expectations 中提供了一些便利的方法方便构造 Matcher，其中 equal 判断用 equal 方法判断是否相等。

5.2.5　指定方法调用次数

可以指定方法调用的次数，即对 invocation-count 进行指定。

exactly　精确多少次
oneOf　精确一次
atLeast　至少多少次
between　一个范围
atMost　至多多少次
allowing　任意次
ignoring　忽略
never　从不执行

从上面可以看出只有 allowing 和 ignoring 比较特殊，这两个的实际效果是一样的，但是关注点不一样。当允许方法可以任意次调用时，用 allowing；当不关心一个方法的调用时，用 ignoring。

5.2.6　指定执行序列

指定执行序列的 Java 代码如下：

```
protected void setUpExpectation() {
    final Sequence sequence = context.sequence("mySeq_01");
    // 设置期望
    context.checking(new Expectations() {
```

```
        {   // 当参数为"allen"时，addressService 对象的 findAddress 方法返回一个
Adress 对象
            oneOf(addressService).findAddress("allen");
            inSequence(sequence);
            will(returnValue(Para.Xian));
// 当参数为"dandan"时，addressService 对象的 findAddress 方法返回一个 Adress 对象
            oneOf(addressService).findAddress("dandan");
            inSequence(sequence);
            will(returnValue(Para.HangZhou));
        }
    });
}
@Override
protected void invokeAndVerify() {
    assertFindAddress("allen", Result.Xian);
    assertFindAddress("dandan", Result.HangZhou);
}
```

这里指定了调用的序列。使得调用必须以指定的顺序来调用。下面看一个反例 Java 代码：

```
@Override
protected void setUpExpectation() {
    final Sequence sequence = context.sequence("mySeq_01");
    // 设置期望
    context.checking(new Expectations() {
        {
// 当参数为"allen"时，addressService 对象的 findAddress 方法返回一个 Adress 对象
            oneOf(addressService).findAddress("allen");
            inSequence(sequence);
            will(returnValue(Para.Xian));
// 当参数为"dandan"时，addressService 对象的 findAddress 方法返回一个 Adress 对象
            oneOf(addressService).findAddress("dandan");
            inSequence(sequence);
            will(returnValue(Para.HangZhou));
        }
    });
}
@Override
protected void invokeAndVerify() {
    assertFindAddressFail("dandan");
}
```

当指定序列的第一个调用没有触发时,直接调用第 2 个,则会抛出异常。指定序列时注意方法调用次数这个约束,如果是 allowing,那么在这个序列中,它是可以被忽略的。

5.2.7 状态机

状态机的作用在于模拟对象在什么状态下调用才用触发。Java 代码如下:

```java
@Override
protected void setUpExpectation() {
    final States states = context.states("sm").startsAs("s1");
    // 设置期望
    context.checking(new Expectations() {
        {
            // 状态为 s1 参数包含 allen 时返回西安
            allowing(addressService).findAddress(
                with(StringContains.containsString("allen")));
            when(states.is("s1"));
            will(returnValue(Para.Xian));
            // 状态为 s1 参数包含 dandan 时返回杭州,跳转到 s2
            allowing(addressServcie).findAddress(
                with(StringContains.containsString("dandan")));
            when(states.is("s1"));
            will(returnValue(Para.HangZhou));
            then(states.is("s2"));
            // 状态为 s2 参数包含 allen 时返回上海
            allowing(addressServcie).findAddress(
                with(StringContains.containsString("allen")));
            when(states.is("s2"));
            will(returnValue(Para.ShangHai));
        }
    });
}
@Override
protected void invokeAndVerify() {
    // s1 状态
    assertFindAddress("allen", Result.Xian);
    assertFindAddress("allen0", Result.Xian);
    // 状态跳转到 s2
    assertFindAddress("dandan", Result.HangZhou);
    // s2 状态
    assertFindAddress("allen", Result.ShangHai);
}
```

可以看到，如果序列一样，状态也为期望的执行设置了约束，这里就用状态来约束哪个期望应该被执行。可以用 is 或 isNot 来限制状态。状态机有一个很好的用处，当建立一个 test 执行上下文时，如果建立和执行都需要调用 Mock Ojbect 的方法，那么可以用状态机把这两部分隔离开，让它们在不同的状态下执行。

小 结

EasyMock 与 JMock 的原理与模型：record – replay – verify 模型容许记录 Mock 对象上的操作然后重演并验证这些操作。这是目前 Mock 框架领域最常见的模型，几乎所有的 Mock 框架都用这个模型，有些是显式使用如 EasyMock，有些是隐式使用如 JMock。

（1）record 阶段：创建 Mock 对象，并期望这个 Mock 对象的方法被调用，同时给出希望这个方法返回的结果。这就是所谓的"记录 Mock 对象上的操作"，同时也会看到"expect"这个关键字。总而言之，在 record 阶段，需要给出的是对 Mock 对象的一系列期望：若干个 Mock 对象被调用，依从给定的参数、顺序、次数等，并返回预设好的结果（返回值或者异常）。

（2）replay 阶段：关注的主要测试对象将被创建，之前在 record 阶段创建的相关依赖被关联到主要测试对象，然后执行被测试的方法，以模拟真实运行环境下主要测试对象的行为。

（3）verify 阶段：将验证测试结果和交互行为。通常验证分为两部分：一部分是验证结果，即主要测试对象的测试方法返回的结果（对于异常测试场景则是抛出的异常）是否如预期，通常这个验证过程需要自行编码实现；另一部分是验证交互行为，典型如依赖是否被调用，调用的参数、顺序和次数，这部分的验证过程通常由 Mock 框架自动完成，程序员只需要简单调用即可。

6 Ant 的使用

软件外包项目一般都要求工期短、进度快、质量高。在做项目时我们通常会在开发或测试中花很多时间做如下的事情：
- 编译代码；
- 从一个位置复制代码到另一个位置；
- 打包二进制文件；
- 测试代码；
- 测试统计报告；
- 部署二进制文件到测试服务器。

开发或测试人员平均需花费几小时做构建和部署频繁的任务，费时费力。如今则可以通过构建工具来实现过程的自动化，下面介绍几种常用的构建工具。

6.1 Ant 简介

Ant 是 Apache 软件基金会 JAKARTA 目录中的一个子项目，它具有以下优点：
(1) 跨平台性：Ant 纯用 Java 语言编写，所以具有很好的跨平台性。
(2) 操作简单：Ant 由一个内置任务和可选任务组成，用 Ant 任务就像是在 Dos 中写命令行一样。Ant 运行时需要一个 XML 文件（构建文件）。Ant 通过调用 target 树，就可以执行各种 task。每个 task 实现特定接口对象。
(3) 维护简单、可读性好、集成简单：由于 Ant 构建文件是 XML 格式的文件，因此很容易维护和书写，而且结构很清晰。也由于 Ant 的跨平台性和操作简单的特点，Ant 很容易集成到一些开发环境中去。

6.2 Ant 的安装与配置

下载 Ant，Ant 目前最新版本为 1.9.7，可通过下面官方主页下载：
http://mirrors.hust.edu.cn/apache//ant/binaries/apache-ant-1.9.7-bin.zip
解压 Zip 压缩包，将压缩包放置在要放置的目录，如放置在 D:\apache-ant-1.9.7，目录结构如图 6-1 所示。

名称	修改日期	类型	大小
bin	2016/11/12 11:38	文件夹	
etc	2016/11/12 11:38	文件夹	
lib	2016/11/12 11:38	文件夹	
manual	2016/11/12 11:38	文件夹	
CONTRIBUTORS	2016/4/9 8:38	文件	6 KB
contributors	2016/4/9 8:38	XML 文档	30 KB
fetch	2016/4/9 8:38	XML 文档	11 KB
get-m2	2016/4/9 8:38	XML 文档	5 KB
INSTALL	2016/4/9 8:38	文件	1 KB
KEYS	2016/4/9 8:38	文件	91 KB
LICENSE	2016/4/9 8:38	文件	15 KB
NOTICE	2016/4/9 8:38	文件	1 KB
patch	2016/4/9 8:38	XML 文档	2 KB
README	2016/4/9 8:38	文件	5 KB
WHATSNEW	2016/4/9 8:38	文件	228 KB

图 6-1　Ant 的目录结构

　　bin 是 Ant 的程序运行入口，没有配置 ANT_HOME 的情况下，可以通过 bin 目录中的 bat 程序运行 build 任务。

　　etc 目录中存放的都是一些 .xsl 的输出模板，创建一个加强的导出各种任务的 XML 输出，使 build 文件摆脱过时的警告。

　　lib 目录中存放的是 Ant 程序需要依赖的 .jar 包。

　　manual 目录是 Ant 程序的帮助文档。

　　Ant 的配置如下：在"我的电脑→右键属性→高级系统配置→环境变量"中配置 Ant。新建系统变量 ANT_HOME = D：\ apache - ant - 1.9.7，并在 PATH 中加入"；% ANT_HOME% \ bin；"，如图 6-2 所示。

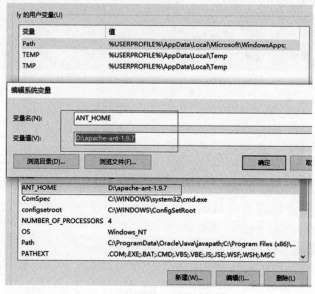

图 6-2　配置 Ant 环境变量

6.3 Ant 命令介绍

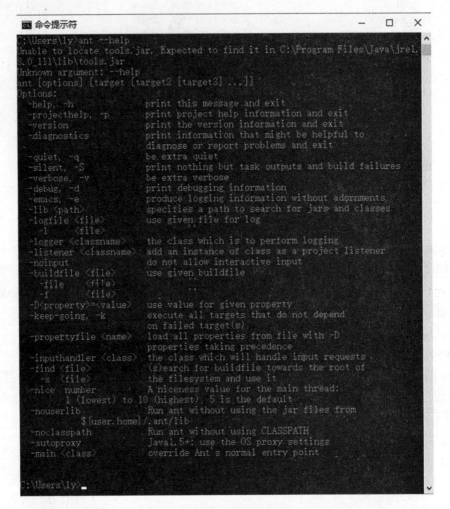

图 6-3 Ant 命令

Ant 命令有：

(1) help：显示描述 Ant 命令及其选项的帮助信息。

(2) projecthelp：显示包含在构建文件中的、所有用户编写的帮助文档。即为各个 <target> 中 description 属性的文本，以及包含在 <description> 元素中的任何文本。将有 description 属性的目标列为主目标（main target），没有此属性的目标则列为子目标（subtarget）。

(3) version：要求 Ant 显示其版本信息，然后退出。

(4) quiet：抑制并非由构建文件中的 echo 任务所产生的大多数消息。

(5) verbose：显示构建过程中每个操作的详细消息。此选项与 -debug 选项只能选其一。

（6）debug：显示 Ant 和任务开发人员已经标志为调试消息的消息。此选项与 -verbose 只能选其一。

（7）emacs：对日志消息进行格式化，使它们能够很容易地被 Emacs 的 shell 模式（shell mode）所解析。也就是说，打印任务事件，但并不缩排，在其之前也没有［taskname］。

（8）logfile filename：将日志输出重定向到指定文件。

（9）logger classname：指定一个类来处理 Ant 的日志记录。所指定的类必须实现 org.apache.tools.ant.BuildLogger 接口。

（10）listener classname：为 Ant 声明一个监听类，并增加到其监听者列表中。在 Ant 与 IDE 或其他 Java 程序集成时，此选项非常有用。必须将所指定的监听类编写为可以处理 Ant 的构建消息接发。

（11）buildfile filename：指定 Ant 需要处理的构建文件。默认的构建文件为 build.xml。

（12）Dproperty = value：在命令行上定义一个特性名/值对。

（13）find filename：指定 Ant 应当处理的构建文件。与 -buildfile 选项不同，如果所指定文件在当前目录中未找到，-find 就要求 Ant 在其父目录中再进行搜索。这种搜索会继续在其祖先目录中进行，直至达到文件系统的根目录为止，如果文件仍未找到，则构建失败。

（14）autoproxy：jdk1.5 以上的可以使用代理设置。

（15）nouserlib：运行 Ant 时不使用用户 lib 中的 .jar 包。

（16）nice：设计主线程优先级。

（17）logfile：使用指定的 log 日志。

（18）noinput：不允许交互输入。

（19）keep-going：-k 执行不依赖于所有目标。

（20）propertyfile：加载所有属性配置文件，-d 属性文件优先。

6.4 Ant 目标、项目、属性以及任务

Ant 使用一个 XML 文件进行配置，称为构建文件，默认情况下命名为：build.xml。构建文件 build.xml 的结构如下：

- 一个构建文件包含一个项目（project）；
- 每个项目中包含多个目标（target）；
- 目标中可包含多个任务（task）；
- 任务完成具体的工作；
- 通过添加新任务可以扩展 Ant；
- 目标之间可以相互依赖。

6.4.1 project 节点元素

project 元素是 Ant 构件文件的根元素，Ant 构件文件至少应该包含一个 project 元素，否则会发生错误。在每个 project 元素下，可包含多个 target 元素。project 元素的各属性如下：

- name 属性：用于指定 project 元素的名称。
- default 属性：用于指定 project 默认执行时所执行的 target 名称。
- basedir 属性：用于指定基路径的位置。该属性没有指定时，使用 Ant 的构建文件的附目录作为基准目录。

代码如下：

```
<?xml version = "1.0" ?>
<project name = "ant - project" default = "print - dir" basedir = ". ">
    <target name = "print - dir">
        <echo message = "The base dir is: ${basedir}" />
    </target>
</project>
```

可以看出，在这里定义了 default 属性的值为"print – dir"，即当运行 Ant 命令时，如果没有指明执行的 target，则将执行默认的 target（print – dir）。此外，还定义了 basedir 属性的值为"."，表示当前目录，进入当前目录后运行 Ant 命令，结果如图 6 – 4 所示。

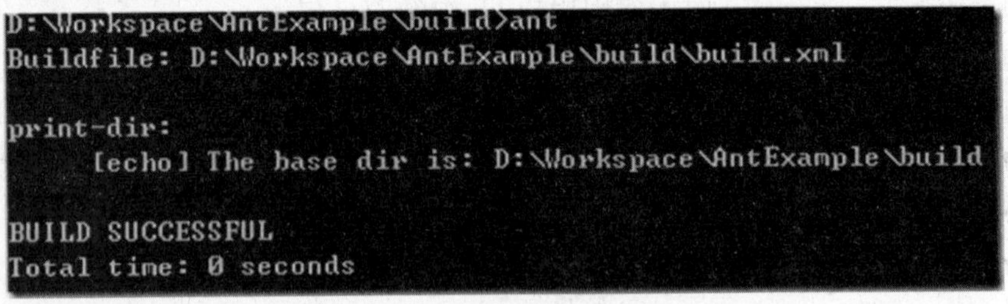

图 6 – 4　print – dir 的运行结果

6.4.2 target 节点元素

target 为 Ant 的基本执行单元或任务，它可以包含一个或多个具体的单元/任务。多个 target 可以存在相互依赖关系。它有如下属性：

- name 属性：指定 target 元素的名称，这个属性在一个 project 元素中是唯一的。我们可以通过指定 target 元素的名称来指定某个 target。
- depends 属性：用于描述 target 之间的依赖关系，若与多个 target 存在依赖关系时，需要以","间隔。Ant 会依照 depends 属性中 target 出现的顺序依次执行每个 target，被依赖的 target 会先执行。
- if 属性：用于验证指定的属性是否存在，若不存在，所在 target 将不被执行。

- unless 属性：该属性的功能与 if 属性的功能正好相反，它也用于验证指定的属性是否存在，若不存在，所在 target 将会被执行。
- description 属性：该属性是关于 target 功能的简短描述和说明。

代码如下：

```xml
<?xml version = "1.0"?>
<project name = "ant-target" default = "print">
    <target name = "version" if = "ant.java.version">
        <echo message = "Java Version: ${ant.java.version}"/>
    </target>
    <target name = "print" depends = "version" unless = "docs">
        <description>
            a depend example!
        </description>
        <echo message = "The base dir is: ${basedir}"/>
    </target>
</project>
```

运行结果如图 6-5 所示。可以看到，我们运行的是名为 print 的 target，它依赖于 version 这个 target 任务，因此 version 将首先被执行。同时因为系统配置了 JDK，所以 ant.java.version 属性存在，执行了 version，输出信息："[echo] Java Version：1.6"。version 执行完毕后，接着执行 print，因 docs 不存在，而 unless 属性是在不存在时进入所在 target 的，由此可知 print 得以执行，输出信息："[echo] The base dir is：D：\Workspace\AntExample\build"。

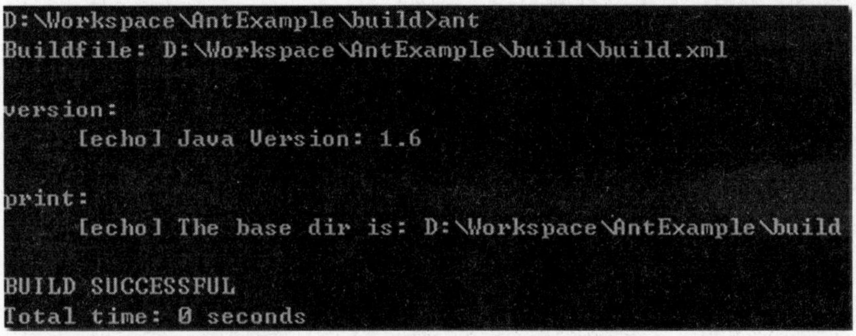

图 6-5 depends 的运行结果

6.4.3 property 属性节点元素

property 元素可看作参量或者参数的定义，project 的属性可以通过 property 元素来设定，也可在 Ant 之外设定。若要在外部引入某文件，例如 build.properties 文件，可以通过如下内容将其引入：

`<property file = "build.properties"/>`

property 元素可用作 task 的属性值。在 task 中是通过将属性名放在 ${属性名}之间，并放在 task 属性值的位置来实现的。Ant 提供了一些内置的属性，它能得到的系统属性的列表与 Java 文档中 System.getProperties() 方法得到的属性一致，这些系统属性可参考 sun 网站的说明。同时，Ant 还提供了一些它自己的内置属性：

basedir：project 基目录的绝对路径；

ant.file：buildfile 的绝对路径，上例中 ant.file 值为 D：\Workspace\AntExample\build；

ant.version：Ant 的版本信息，本文为 1.9.7；

ant.project.name：当前指定的 project 的名字，即前文说到的 project 的 name 属性值；

ant.java.version：Ant 检测到的 JDK 版本，本文为 1.6。

```
<project name = "ant-project" default = "example">
    <property name = "name" value = "jojo"/>
    <property name = "age" value = "25"/>
    <target name = "example">
        <echo message = "name: ${name}, age: ${age}"/>
    </target>
</project>
```

上面代码中用户设置了名为 name 和 age 的两个属性，这两个属性设置后，在后续程序中可以通过 ${name} 和 ${age} 分别取得这两个属性值。

6.4.4 Ant 常用任务

1. copy 命令

copy 命令主要用于复制文件和目录，例如：

- 复制单个文件：

`<copy file = "old.txt" tofile = "new.txt"/>`

- 对文件目录进行复制：

```
<copy todir = "../dest_dir">
    <fileset dir = "src_dir"/>
</copy>
```

- 将文件复制到另外的目录：

`<copy file = "src.txt" todir = "c:/base"/>`

2. delete 命令

delete 命令用于对文件或目录进行删除，例如：

- 删除某个文件：

`<delete file = "/res/image/cat.jpg"/>`

- 删除某个目录：

`<delete dir = "/res/image"/>`

- 删除所有的.jar 文件或空目录：

```
< delete includeEmptyDirs = "true" >
        < fileset dir = "." includes = "**/*.jar"/ >
< /delete >
```

3. mkdir 命令

mkdir 命令可用于创建目录，例如：

`< mkdir dir = "/home/philander/build/classes"/ >`

4. move 命令

move 命令用于移动文件或目录，例如：

- 移动单个文件：

`< move file = "sourcefile" tofile = "destfile"/ >`

- 移动单个文件到另一个目录：

`< move file = "sourcefile" todir = "movedir"/ >`

- 移动某个目录到另一个目录：

```
< move todir = "newdir" >
    < fileset dir = "olddir"/ >
< /move >
```

5. echo 命令

echo 命令的作用是根据日志或监控器的级别输出信息。它包括 message、file、append 和 level 四个属性，例如：

`< echo message = "ant message" file = "/logs/ant.log" append = "true" >`

6. jar 标签节点元素

jar 标签用来生成一个 Jar 文件，其属性如下：

- destfile   表示 Jar 文件名。
- basedir   表示被归档的文件名。
- includes   表示被归档的文件模式。
- excludes   表示被排除的文件模式。
- compress   表示是否压缩。

示例代码：

```
< jar destfile = "${webRoot}/${ash_jar}" level = "9" compress = "true" encoding = "utf-8" basedir = "${dest}" >
    <manifest >
        <attribute name = "Implementation-Version" value = "Version: 2.2"/>
    </manifest >
< /jar >
```

其中，mainfest 是 .jar 包中的 MEAT-INF 中的 manifest.mf 中的文件内容。

同样打包操作的还有 war、tgz，以及解压操作 unzip。代码如下：

```xml
<!-- 创建 zip -->
<zip basedir="${basedir}\classes" zipfile="temp\output.zip"/>
<!-- 创建 tgz -->
<gzip src="classes\**\*.class" zipfile="output.class.gz"/>
<!-- 解压 zip -->
<unzip src="output.class.gz" dest="extractDir"/>
<!-- 建立 war 包 -->
<war destfile="${webRoot}/ash.war" basedir="${basedir}/web" webxml="${basedir}/web/WEB-INF/web.xml">
    <exclude name="WEB-INF/classes/** "/>
    <exclude name="WEB-INF/lib/** "/>
    <exclude name="WEB-INF/work/_jsp/** "/>
    <lib dir="${lib.dir}" includes="**/*.jar, **/*.so, **/*.dll">
        <exclude name="${webRoot}\${helloworld_jar}"/>
    </lib>
    <lib file="${webRoot}/${helloworld_jar}"/>
    <classes dir="${dest}" includes="**/*.xml, **/*.properites, **/*.xsd"> </classes>
</war>
```

7. javac 标签节点元素

该标签用于编译一个或一组 Java 文件，其属性如下：

- srcdir   表示源程序的目录。
- destdir   表示 class 文件的输出目录。
- include   表示被编译的文件的模式。
- exclude   表示被排除的文件的模式。
- classpath   表示所使用的类路径。
- debug   表示包含的调试信息。
- optimize   表示是否使用优化。
- verbose   表示提供详细的输出信息。
- fileonerror   表示当碰到错误就自动停止。

示例代码如下：

```xml
<javac srcdir="${src}" destdir="${dest}"/>
<!-- 设置 jvm 内存
<javac srcdir="src" fork="true"/>
<javac srcdir="src" fork="true" executable="d:\sdk141\bin\javac" memoryMaximumSize="128m"/>
-->
```

8. java 标签节点元素

该标签用来执行编译生成的 .class 文件，其属性如下：

- classname   表示将执行的类名。
- jar   表示包含该类的 Jar 文件名。
- classpath   表示用到的类路径。
- fork   表示在一个新的虚拟机中运行该类。
- failonerror   表示当出现错误时自动停止。
- output   表示输出文件。
- append   表示追加或者覆盖默认文件。

示例代码如下：

```
<java classname="com.hoo.test.HelloWorld" classpath="${hello_jar}"/>
```

9. arg 数据参数元素

由 Ant 构建文件调用的程序，可以通过 <arg> 元素向其传递命令行参数，如 apply、exec 和 java 任务均可接受嵌套 <arg> 元素，可以为各自的过程调用指定参数。以下是 <arg> 的所有属性。

- values   是一个命令参数。如果参数中有空格，但又想将它作为单独一个值，则使用此属性。
- file   表示一个参数的文件名。在构建文件中，此文件名相对于当前的工作目录。
- line   表示用空格分隔的多个参数列表。
- path   表示路径，一个作为单个命令行变量的 path-like 的字符串；或作为分隔符，Ant 会将其转变为特定平台的分隔符。
- pathref   引用的 path（使用 path 元素节点定义 path）的 ID。
- prefix   前缀。
- suffix   后缀。

代码如下：

```
<arg value="-l -a"/>   //是一个含有空格的单个的命令行变量

<arg line="-l -a"/>   //是两个空格分隔的命令行变量

<arg path="/dir;/dir2:\dir3"/>   //是一个命令行变量,其值在 DOS 系统上为\dir;\dir2;\dir3;在 Unix 系统上为/dir:/dir2:/dir3
```

10. environment 类型

由 Ant 构建文件调用的外部命令或程序，<env> 元素制定了哪些环境变量要传递给正在执行的系统命令，<env> 元素可以接受以下属性：

- file   表示环境变量值的文件名，此文件名要被转换为一个绝对路径。
- path   表示环境变量的路径。Ant 会将它转换为一个本地约定。
- value   表示环境变量的一个直接变量。
- key   表示环境变量名。

注意：file、path 或 value 只能取一个。

11. filelist 文件集合列表

filelist 是一个支持命名的文件列表的数据类型，包含在一个 filelist 类型中的文件不一定是存在的文件。以下是其所有的属性：

- dir 是用于计算绝对文件名的目录。
- files 是用逗号分隔的文件名列表。
- refid 是对某处定义的一个 <filelist> 的引用。

注意 dir 和 files 都是必要的，除非指定了 refid(这种情况下，dir 和 files 都不允许使用)。

示例代码如下：

```
< filelist id="docfiles" dir="${doc.src}" files="foo.xml,bar.xml"/>
//文件集合 ${doc.src}/foo.xml 和 ${doc.src}/bar.xml,这些文件也许还是不存在的文件
< filelist id="docfiles" dir="${doc.src}" files="foo.xml bar.xml"/>
< filelist refid="docfiles"/>
< filelist id="docfiles" dir="${doc.src}">
    <file name="foo.xml"/>
    <file name="bar.xml"/>
</filelist>
```

12. fileset 文件类型

fileset 数据类型定义了一组文件，并通常表示为 <fileset> 元素。不过，许多 Ant 任务构建成了隐式的 fileset，这说明他们支持所有的 fileset 属性和嵌套元素。以下为 fileset 的属性列表：

- dir 表示 fileset 的基目录。
- casesensitive 的值如果为 false，那么匹配文件名时，fileset 不区分大小写，其默认值为 true。
- defaultexcludes 用来确定是否使用默认的排除模式，默认为 true。
- excludes 是用逗号分隔的需要派出的文件模式列表。
- excludesfile 表示每行包含一个排除模式的文件的文件名。
- includes 是用逗号分隔的，需要包含的文件模式列表。
- includesfile 表示每行包括一个包含模式的文件名。

示例代码如下：

```
< fileset id="lib.runtime" dir="${lib.path}/runtime">
    <include name="**/*.jar"/>
    <include name="**/*.so"/>
    <include name="**/*.dll"/>
</fileset>
< fileset id="lib.container" dir="${lib.path}/container">
```

```xml
    <include name="**/*.jar"/>
</fileset>
<fileset id="lib.extras" dir="${lib.path}">
    <include name="test/**/*.jar"/>
</fileset>
```

13. patternset 类型

fileset 是对文件的分组，而 patternset 是对模式的分组，它们是紧密相关的概念。

<patternset> 支持 4 个属性：includes、excludes、includesfile、excludesfile，这些与 fileset 相同。

patternset 还允许以下嵌套元素：include、exclude、includesfile 和 excludesfile。

示例代码如下：

```xml
<!-- 黑白名单 -->
<patternset id="non.test.sources">
  <include name="**/*.java"/>
  <!-- 文件名包含 Test 的排除 -->
  <exclude name="**/Test*"/>
</patternset>
<patternset id="sources">
  <include name="std/**/*.java"/>
  <!-- 判断条件 存在 professional 就引入 -->
  <include name="prof/**/*.java" if="professional"/>
  <exclude name="**/Test*"/>
</patternset>
<!-- 一组文件 -->
<patternset includesfile="some-file"/>
<patternset>
  <includesfile name="some-file"/>
<patternset/>
<patternset>
  <includesfile name="some-file"/>
  <includesfile name="${some-other-file}" if="some-other-file"/>
<patternset/>
```

14. filterset 类型

filterset 定义了一组过滤器，这些过滤器将在文件移动或复制时完成文件的文本替换。

主要属性如下：

- begintoken 表示嵌套过滤器所搜索的记号，这是标识其开始的字符串。
- endtoken 表示嵌套过滤器所搜索的记号，这是标识其结束的字符串。
- id 是过滤器的唯一标志符。

- refid 是对构建文件中某处定义一个过滤器的引用。

示例代码如下:

```
<!-- 将目标文件 build.dir 目录中的 version.txt 文件内容中的 @DATE@ 替换成 TODAY
当前日期的值,并把替换后的文件存放在 dist.dir 目录中 -->
<copy file="${build.dir}/version.txt" toFile="${dist.dir}/version.txt">
    <filterset>
        <filter token="DATE" value="${TODAY}"/>
    </filterset>
</copy>
<!-- 自定义变量的格式 -->
<copy file="${build.dir}/version.txt" toFile="${dist.dir}/version.txt">
    <!-- 从 version.txt 中的%位置开始搜索,到*位置结束,进行替换内容中的 @DATE@ 替
换成 TODAY 当前日期的值 -->
    <filterset begintoken="%" endtoken="*">
        <filter token="DATE" value="${TODAY}"/>
    </filterset>
</copy>
<!-- 使用外部的过滤定义文件 -->
<copy toDir="${dist.dir}/docs">
    <fileset dir="${build.dir}/docs">
        <include name="**/*.html">
    </fileset>
    <filterset begintoken="%" endtoken="*">
        <!-- 过来文件从外部引入,过来的属性和值配置在 dist.properties 文件中 -->
        <filtersfile file="${user.dir}/dist.properties"/>
    </filterset>
</copy>
<!-- 使用引用方式,重复利用过滤集 -->
<filterset id="myFilterSet" begintoken="%" endtoken="*">
    <filter token="DATE" value="${TODAY}"/>
</filterset>
<copy file="${build.dir}/version.txt" toFile="${dist.dir}/version.txt">
    <filterset refid="myFilterSet"/>
</copy>
```

15. path 类型

path 元素用于表示一个类路径,还可以用于表示其他的路径。在用作几个属性时,路径中的各项用分号或冒号隔开。在构建时,此分隔符将代替当前平台中所有的路径分隔符,其拥有的属性如下:

- location 表示一个文件或目录。Ant 在内部将此扩展为一个绝对路径。
- refid 是对当前构建文件中某处定义的一个 path 的引用。

- path 表示一个文件或路径名列表。

示例代码如下:

```xml
<path id="buildpath">
    <fileset refid="lib.runtime"/>
    <fileset refid="lib.container"/>
    <fileset refid="lib.extras"/>
</path>
<path id="src.paths">
    <fileset id="srcs" dir=".">
        <include name="src/**/*.java"/>
    </fileset>
</path>
```

6.4.5 Ant 编译打包、运行工程

下面通过一个简单的例子演示 Ant 编译打包、运行工程。代码如下:

```xml
<?xml version="1.0" encoding="UTF-8"?>
<!-- name 是当前工程的名称,default 是默认执行的任务,basedir 是工作目录(. 代表当前根目录) -->
<project name="HelloWorld" default="run" basedir=".">
    <!-- property 类似于程序中定义简单的变量 -->
    <property name="src" value="src"/>
    <property name="dest" value="classes"/>
    <property name="hello_jar" value="helloWorld.jar"/>
    <!--
    target 是一个事件、事情、任务,name 是当前事情的名称,depends 是依赖的上一件或多件事情。如果所依赖的事情没有执行,Ant 会先运行依赖事情,然后再运行当前事情
    -->
    <!-- 初始化 -->
    <target name="init">
        <!-- 建立 classes 目录 -->
        <mkdir dir="${dest}"/>
        <mkdir dir="temp"/>
        <mkdir dir="temp2"/>
    </target>
    <!-- 编译 -->
    <target name="compile" depends="init">
        <javac srcdir="${src}" destdir="${dest}"/>
        <!-- 设置 jvm 内存 -->
        <javac srcdir="src" fork="true"/>
```

```xml
    <javac srcdir="src" fork="true" executable="d:\sdk141\bin\javac"
    memoryMaximumSize="128m"/>
    -->
</target>
    <!-- 建立 jar 包 -->
<target name="build" depends="compile">
    <!--
    <jar jarfile="${hello_jar}" basedir="${dest}"/>
    创建一个名称是package.jar文件
    <jar destfile="package.jar" basedir="classes"/>
    -->
    <jar destfile="${hello_jar}" basedir="classes">
        <!-- 向jar包中的main文件中添加内容 -->
        <manifest>
            <attribute name="Built-By" value="${user.name}"/>
            <attribute name="Main-class" value="package.Main"/>
        </manifest>
    </jar>
    <!-- 复制 jar 文件  todir="复制到目录" -->
    <copy file="${hello_jar}" tofile="${dest}\temp.jar"/>
    <copy todir="temp">
        <!-- 不按照默认方式 defaultexcludes="" -->
        <fileset dir="src">
            <include name="**/*.java"/>
        </fileset>
    </copy>
    <copy todir="temp2">
        <fileset dir="src">
            <and>
                <contains text="main"/>
                <size value="1" when="more"/>
            </and>
        </fileset>
    </copy>
    <!-- 移动 jar 文件 -->
    <move file="${dest}\temp.jar" tofile="temp\move-temp.jar"/>
    <!-- 创建 zip -->
    <zip basedir="${basedir}\classes" zipfile="temp\output.zip"/>
    <!-- 创建 tgz -->
    <gzip src="classes\**\*.class" zipfile="output.class.gz"/>
    <!-- 解压 zip -->
```

```xml
        <unzip src="output.class.gz" dest="extractDir"/>
        <!-- 替换 input.txt 内容中的 old 为 new
        <replace file="input.txt" token="old" value="new"/>
        -->
    </target>
    <!-- 运行 -->
    <target name="run" depends="build">
        <java classname="com.hoo.test.HelloWorld" classpath="${hello_jar}"/>
    </target>
    <!-- 清除 -->
    <target name="clean">
        <!-- 删除生成的文件 -->
        <delete dir="${dest}"/>
        <delete file="${hello_jar}"/>
    </target>
    <tstamp>
        <format property="OFFSET_TIME"
            pattern="HH:mm:ss"
            offset="10" unit="minute"/>
    </tstamp>
    <!-- 重新运行 -->
    <target name="rerun" depends="clean,run">
        <echo message="###${TSTAMP}#${TODAY}#${DSTAMP}###"/>
        <aunt target="clean"/>
        <aunt target="run"/>
    </target>
</project>
```

6.5 Ant 和 Eclipse 集成

如果已经下载并已经安装了 Eclipse，Eclipse 中会预装捆绑 Ant 的插件，以便使用。按照简单的步骤，将 Ant 集成到 Eclipse 中。

- 确保 build.xml 文件就是 Java 项目的一部分，而不是存储在另一个位置，是外部的项目。
- 通过将启用 Ant 视图 Window→Show View→Other→Ant→Ant。
- 打开项目资源管理器中，拖动 build.xml 到 Ant 视图。

Ant 视图显示如图 6-6 所示。

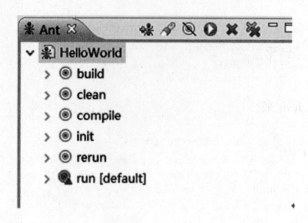

图 6-6 Ant 视图

点击目标，build/clean/compile/init/rerun/run 将运行 Ant 的目标。

点击"run"，将执行默认的目标 – run。

Ant 的 Eclipse 插件还附带了一个很好的编辑器来编辑 build.xml 文件。该编辑器是能识别 build.xml 架构，可以帮助提供代码完成。

要使用 Ant 编辑器，右键单击 build.xml（从项目资源管理器），然后选择打开方式→Ant Editor。

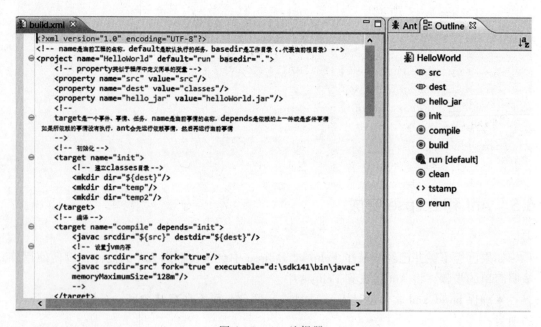

图 6-7 Ant 编辑器

Ant 编辑器列出了右手边的目标，该目标列表作为一个书签，可直接跳到编辑特定的目标。

6.6 从 Ant 中运行 JUnit 测试

我们除了使用 Java 来直接运行 JUnit 之外，还可以使用 JUnit 提供的 JUnit task 与 Ant 结合来运行。涉及的几个主要的 Ant task 如下：
- <junit>，定义一个 JUnit task。
- <batchtest>，位于 <junit> 中，运行多个 TestCase。
- <test>，位于 <junit> 中，运行单个 TestCase。
- <formatter>，位于 <junit> 中，定义一个测试结果输出格式。
- <junitreport>，定义一个 junitreport task。
- <report>，位于 <junitreport> 中，输出一个 JUnit report。

一般在 Ant 使用 JUnit 有如下几个过程。

1. 编译测试代码

代码如下：

```xml
<target name="compile.test" depends="compile.java">
    <mkdir dir="${target.classes.test.dir}"/>
        <javac srcdir="${test.dir}" destdir="${target.classes.test.dir}" includeantruntime="on">
        <classpath refid="classpath">
        </classpath>
    </javac>
</target>
```

2. 运行测试代码

代码如下：

```xml
<target name="test" depends="compile">
        <mkdir dir="${target.report.dir}"/>
    <junit printsummary="yes" haltonerror="no" haltonfailure="no">
        <classpath>
        <path refid="classpath"/>
        </classpath>
            <formatter type="brief" usefile="false"/>
        <formatter type="xml"/>
            <batchtest fork="yes" todir="${target.report.dir}">
            <fileset dir="${test.dir}">
            <include name="**/**.java"/>
            </fileset>
        </batchtest>
    </junit>
        </target>
```

可以看出 JUnit 的使用基本和 Java 差不多，printsummary 允许输出 JUnit 信息，当然 Ant 提供 formatter 属性支持多样化的 JUnit 信息输出。Ant 包含三种形式的 formatter：
- brief：以文本格式提供测试失败的详细内容。
- plain：以文本格式提供测试失败的详细内容以及每个测试的运行统计。
- xml：以 .xml 格式提供扩展的详细内容，包括正在测试时的 Ant 特性、系统输出以及每个测试用例的系统错误。

使用 formatter 时建议将 printsummary 关闭，因为它可能对 formatter 的生成结果产生影响，并多生成一份同样的输出。当然我们可以使用 formatter 将输出结果显示在 console 中：

```
<formatter type="brief" usefile="false"/>
```

JUnit 支持多个 formatter 同时存在：

```
<formatter type="brief" usefile="false"/>
<formatter type="xml"/>
```

使用 xml 可以得到扩展性更强的信息输出，这时在 <test> 中要设定 todir 来指定 xml 的输出路径。在通常情况下不可能逐个处理 JUnit，所以 Ant 提供了 <batchtest>，可以在其里面嵌套文件集(fileset)以包含全部的测试用例。

JUnit 在 Ant 中各标签的含义如下：
- printsummary：对于每个测试用例打印一行统计。
- fork：运行在一个单独的虚拟机测试。
- haltonerror：如果测试运行期间发生错误，在生成过程停止。
- hHaltonfailure：如果测试失败，在生成过程停止。
- includeantruntime：隐式添加运行测试所需的 Ant 类和 JUnit 类路径的分叉模式。

3. 生成测试报告

代码如下：

```
<target name="report" depends="test">
  <mkdir dir="${target.report.dir}/html"/>
  <junitreport todir="${target.report.dir}">
    <fileset dir="${target.report.dir}">
      <include name="TEST-*.xml"/>
    </fileset>
    <report todir="${target.report.dir}/html"/>
  </junitreport>
</target>
```

对于大量的用例，使用控制台输出，或者使用文件或 XML 文件来作为测试结果都不合适。Ant 提供了 <junitreport> 任务使用 XSLT 将 XML 文件转换为 HTML 报告。该任务首先将生成的 XML 文件整合成单一的 XML 文件，然后再对其进行转换，这个整合的文件默认情况下被命名为：TESTS-TestSuites.xml。

生成的报告如图 6-8 所示。

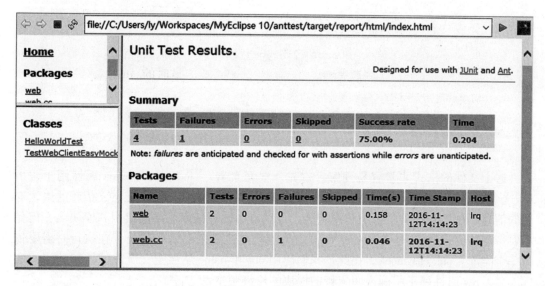

图 6-8　测试报告

6.7　Ivy 的使用

Ivy 是一个跟踪管理项目直接依赖关系的工具。Ivy 具有良好的灵活性和可配置性，使其可以适应各种不同的依赖管理和构建过程要求；虽然 Ivy 作为依赖管理工具，其可以与 Apache Ant 进行紧密集成，在依赖管理中充分利用 Ant 提供的强大的任务功能。Ivy 是一个开源项目，它提供了很多强大的功能，但是最受欢迎和最有用的特性是它的灵活性、与 Ant 集成、传递依赖管理。

下面介绍在 Eclipse 中安装 IvyDE 插件。在 Eclipse 中点击 Help → Install New Software... →Addsite，在打开的对话框中将下列名称对应填入：

name：Ivyde

url：http：//www.apache.org/dist/ant/ivyde/updatesite

然后安装时选择这个新添加的 UpdateSite，钩选"ApacheIvyDE"，点击"Next"按钮，开始安装。安装完成后重启 Eclipse。安装好插件可以让 Ivy 传递依赖管理。Ivy 特有的文件是 ivy.xml，文件中只需列出项目的所有依赖项。代码如下：

```
<?xml version = "1.0" encoding = "ISO - 8859 - 1"?>

<ivy-module version = "2.0" xmlns:xsi = "http://www.w3.org/2001/XMLSchema-instance"
        xsi:noNamespaceSchemaLocation = "http://ant.apache.org/ivy/schemas/ivy.xsd">
```

```
            <info
                organization = "ivytest"
                module = "sampling-ivy"
                status = "integration">
            </info>
    <dependencies>
        <dependency org = "org.easymock" name = "easymock" rev = "3.4" />
    </dependencies>
</ivy-module>
```

这个文件的格式非常容易理解。首先，根元素 ivy-module，version 属性用于告诉 ivy 这个文件使用的 ivy 版本。然后是 info 标签，用于给出和这个正在定义依赖的模块有关的信息。这里只定义了组织和模块名，可以自由选择任何想要的组织和模块名，但是不要带空格。最后，dependencies 部分定义依赖。这里表明该构建任务在执行时需要依赖一个类库：org.easymock。在此，我们使用 org 和 name 属性定义所需的依赖的组织和模块名。rev 属性用于明确说明依赖的模块的修订版本。

在 Ant 中对应的 build.xml 文件包含一个 target 集合，容许解析在 ivy 文件中声明的依赖，编译并运行示例代码，生成依赖解析报告，并清理项目的缓存。

```
<?xml version = "1.0" encoding = "UTF-8"?>
<project name = "ivytest" default = "run" xmlns:ivy = "antlib:org.apache.ivy.ant">
    <property name = "src.dir" value = "src" />
    <property name = "test.dir" value = "test" />
    <property name = "lib" value = "lib" />

    <target name = "run" depends = "resolve">
        <mkdir dir = "${test.dir}"/>
    </target>
    <!-- =================================
            target: resolve
        ================================= -->
    <target name = "resolve" description = "--> retrieve dependencies with ivy">
        <ivy:retrieve />
    </target>
</project>
```

由此可见，调用 ivy 来解析和获取依赖非常简单：如果 ivy 安装正确，所需要做的只是在 Ant 文件中定义一个 xml 的命名空间（xmlns：ivy = "antlib：org.apache.ivy.ant"）。在这命名空间中所有的 ivy ant 任务都可用。这里使用了一个任务：retrieve 任务。没有任何属性，它将使用默认设置并查找名为 ivy.xml 的文件来获取依赖定义。注意，在这案例中定义了一个"resolve"的 target 并调用了 retrieve 任务。这听起来有点令人困惑，实际上 retrieve 任务会执行一次 resolve（解析依赖并下载它们到本地缓存），然后再执行一次 retrieve。

在没有任何设置的情况下，ivy 从 maven2 仓库中获取文件。resolve 任务在 maven2 仓库中发现 org.easymock 模块，识别到 org.easymock 依赖于 Junit4.12、objenesis – 2.2 等，ivy 会把它们作为间接依赖进行解析，然后下载所有对应的 jar 到它的缓存中（默认在 user home 下的 .ivy2/cache 目录）。最后，retrieve 任务将这些解析好的 jar 包从 ivy 缓存复制到项目默认的 lib 目录（可以简单地通过设置 retrieve 任务的 pattern 属性来改变），可能会发现第一次运行时花费了很长时间，那是因为大量的时间用在从网络下载需要的文件上。第二次运行时，缓存被使用，不再需要下载，构建就很快速。

小　结

当项目规模变大，每次重新编译、打包、测试等都会变得非常复杂而且重复。Ant 本身就是一个流程脚本引擎，用于自动化调用程序完成项目的编译、打包、测试等，把一系列的工作变得简单。Ant 是纯 Java 语言编写的，所以具有很好的跨平台性。Ant 由一个内置任务和可选任务组成；Ant 运行时需要一个 XML 文件（构建文件）；Ant 通过调用 target 树，就可以执行各种 task，每个 task 实现特定接口对象。由于 Ant 构建文件时用 .xml 格式的文件，容易维护和书写，而且结构很清晰。Ant 可以集成到开发环境中。由于 Ant 的跨平台性和操作简单的特点，它很容易集成到一些开发环境中去。

每个 Ant 脚本（缺省叫 build.xml）中都会设置一系列任务，在项目的测试过程，可以把编译、测试及测试报告一体化完成。

7 Maven 的使用

前面介绍了 Ant 强大的构建功能，Ant 的自由度很高，但有一个弊端就是需要在 build.xml 配置文件中编写大量的代码。在外包项目中，如果出现大量的配置文件可能会出现配置文件不一致或冲突的情况。下面介绍一种同样可用于外包项目中项目管理和整合的工具：Maven。

Maven 是标准、存储格式以及一些软件用以管理和描述项目的工具。它为构建、测试、部署项目定义了一个标准的生命周期。它提供了一个框架，允许遵循 Maven 标准的所有项目，方便重用构建逻辑。

7.1 Maven 简介

Maven 是 Apache 软件基金会的一个开源项目。它开发的软件工具，基于一个通用的软件对象模型（project object model，POM）。Maven 是项目管理工具，它提供了管理以下项目中所涉及工作内容的方式，同时这些也是 Maven 的主要功能：

- 构建项目（builds）
- 文档编制（documentation）
- 报告（reporting）
- 依赖管理（dependencies）
- 配置管理（SCMs）
- 发布管理（releases）

Maven 可以把程序员从繁琐工作中解放出来，能帮助构建工程，管理 jar 包，编译代码，还能帮程序员自动运行单元测试、打包、生成报表，甚至能部署项目，生成 Web 站点。概括地说，Maven 可以简化和标准化项目建设过程，实现编译、分配、文档、团队协作和其他任务的无缝连接。

在 Maven 项目中，通过声明 POM 来指定项目的相关信息。Maven 对于项目的唯一标识条件：Group ID、artifact ID、version（简称 GAV），如图 7-1 所示。

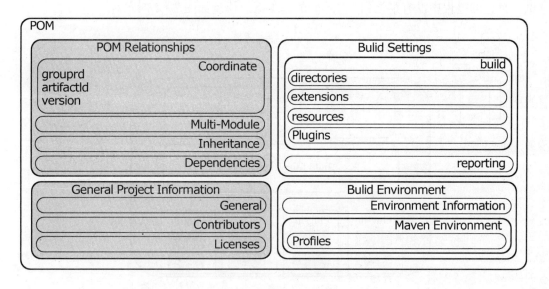

图 7-1 Maven 的 POM

7.2　Maven 的设计理念

　　基于 J2EE 领域设计思想的框架在近几年越来越多，并且大量使用配置的方式来实现一些功能，配置的弊端越来越明显：
- 配置的东西无法编译检查；
- 配置的语法需要时间了解；
- 配置文件的加载问题；

……

　　约定优于配置是 Maven 的设计理念。在上一章讲 Ant 时，发现在开发或测试过程中，要编写大量的脚本，这会浪费时间，还有出错的可能。Maven 把这一切都藏匿起来，通过约定俗成，Maven 制定好相关的路径，以及相应的生命周期，让一切都变简单。Maven 是这样约定的：
- 源码目录为 src/main/java/ ；
- 单元测试目录为 src/main/test/；
- 编译输出目录为 target/classes；
- 打包方式为 jar；
- 包输出目录为 target/。

　　Maven 本质上是一个插件框架，它的核心并不执行任何具体的构建任务，所有这些任务都交给插件来完成，像编译是通过 maven-compile-plugin 实现、测试是通过 maven-surefire-plugin 实现。Maven 内置了很多插件，所以我们在项目进行编译、测试、打包的过程中没有察觉到。Maven 的基本概念模型如图 7-2 所示。

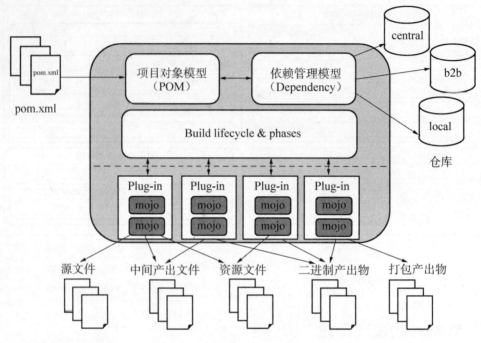

图 7-2 Maven 基本概念模型

进一步说，每个任务对应了一个插件目标（goal），每个插件会有一个或者多个目标，例如 maven-compiler-plugin 的 compile 目标用来编译位于 src/main/Java/ 目录下的主源码，testCompile 目标用来编译位于 src/test/java/ 目录下的测试源码。多年来 Maven 社区积累了大量经验，并随之形成了一个成熟的插件生态圈。Maven 官方有两个插件列表，第一个列表的 GroupId 为 org.apache.maven.plugins，这里的插件最为成熟，具体地址为：http://maven.apache.org/plugins/index.html。第二个列表的 GroupId 为 org.codehaus.mojo，这里的插件没有那么核心，但也有不少十分有用，其地址为：http://mojo.codehaus.org/plugins.html。

下面列举一些常用的核心插件，每个插件如何配置，官方网站都有详细的介绍。

一个插件通常提供了一组目标，可使用以下语法来执行：

mvn [plugin-name]:[goal-name]

例如，一个 Java 项目使用了编译器插件，通过运行以下命令编译：

mvn compiler:compile

Maven 提供以下两种类型的插件：

- 构建插件：在生成过程中执行，并应在 pom.xml 中的 <build/> 元素进行配置。
- 报告插件：在网站生成期间执行，应在 pom.xml 中的 <reporting/> 元素进行配置。

代码如下：

```xml
<plugins>
    <plugin>
        <!-- 编译插件 -->
        <groupId>org.apache.maven.plugins</groupId>
        <artifactId>maven-compiler-plugin</artifactId>
        <version>2.3.2</version>
        <configuration>
            <source>1.5</source>
            <target>1.5</target>
        </configuration>
    </plugin>
    <plugin>
        <!-- 发布插件 -->
        <groupId>org.apache.maven.plugins</groupId>
        <artifactId>maven-deploy-plugin</artifactId>
        <version>2.5</version>
    </plugin>
    <plugin>
        <!-- 打包插件 -->
        <groupId>org.apache.maven.plugins</groupId>
        <artifactId>maven-jar-plugin</artifactId>
        <version>2.3.1</version>
    </plugin>
    <plugin>
        <!-- 安装插件 -->
        <groupId>org.apache.maven.plugins</groupId>
        <artifactId>maven-install-plugin</artifactId>
        <version>2.3.1</version>
    </plugin>
    <plugin>
        <!-- 单元测试插件 -->
        <groupId>org.apache.maven.plugins</groupId>
        <artifactId>maven-surefire-plugin</artifactId>
        <version>2.7.2</version>
        <configuration>
            <skip>true</skip>
        </configuration>
    </plugin>
    <plugin>
        <!-- 源码插件 -->
        <groupId>org.apache.maven.plugins</groupId>
        <artifactId>maven-source-plugin</artifactId>
        <version>2.1</version>
        <!-- 发布时自动将源码同时发布的配置 -->
        <executions>
            <execution>
                <id>attach-sources</id>
                <goals>
                    <goal>jar</goal>
```

```
            </goals>
          </execution>
        </executions>
      </plugin>
</plugins>
```

7.3 Maven 的生命周期

开发项目时,不断地处在编译、测试、打包、部署等过程。Maven 的生命周期就是对所有构建过程抽象与统一,生命周期包含项目的清理、初始化、编译、测试、打包、集成测试、验证、部署、站点生成等几乎所有的过程。

Maven 有三套相互独立的生命周期,如图 7-3 所示(请注意这里说的是"三套",而且"相互独立",初学者容易将 Maven 的生命周期看成一个整体,其实不然)。这三套生命周期分别是:

- CleanLifecycle   在进行真正的构建之前进行一些清理工作。
- DefaultLifecycle   构建的核心部分,编译、测试、打包、部署等等。
- SiteLifecycle   生成项目报告、站点,发布站点。

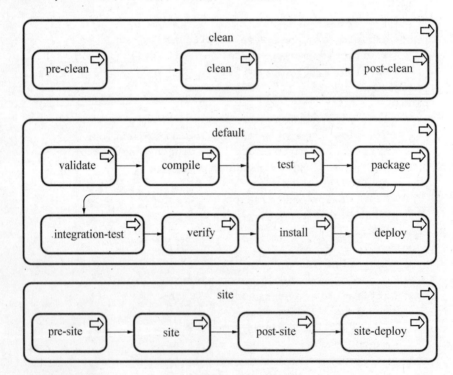

图 7-3 Maven 三套生命周期

因它们是相互独立的，故可仅仅调用 clean 来清理工作目录，仅仅调用 site 来生成站点。当然也可以直接运行"mvn clean install site"运行所有这三套生命周期。每套生命周期都由一组阶段（phase）组成，我们平时在命令行输入的命令总会对应于一个特定的阶段。Maven 中所有的执行动作（goal）都需要指明自己在这个过程中的执行位置，执行时就依照过程的发展依次调用这些 goal 进行各种处理。这也是 Maven 的基本调度机制。每套生命周期还可以细分成多个阶段。

1. clean 生命周期

clean 生命周期一共包含了三个阶段，如表 7-1 所示。

表 7-1　clean 生命周期

pre - clean	执行一些需要在 clean 之前完成的工作
clean	移除所有上一次构建生成的文件
post - clean	执行一些需要在 clean 之后立刻完成的工作

命令"mvn clean"就是代表执行上面的 clean 阶段。在一个生命周期中，运行某个阶段时，它之前的所有阶段都会被运行，也就是说，"mvn clean"等同于"mvn pre - clean clean"，如果运行"mvn post - clean"，那么"pre - clean""clean"都会被运行。这是 Maven 很重要的一个规则，可以大大简化命令行的输入。

2. default 生命周期

Maven 最重要的就是 default 生命周期，也称构建生命周期，绝大部分工作都发生在这个生命周期中，每个阶段的名称与功能如表 7-2 所示。

表 7-2　default 生命周期

validate	验证项目是否正确，以及所有为了完整构建必要的信息是否可用
generate - sources	生成所有需要包含在编译过程中的源代码
process - sources	处理源代码，比如过滤一些值
generate - resources	生成所有需要包含在打包过程中的资源文件
process - resources	复制并处理资源文件至目标目录，准备打包
compile	编译项目的源代码
process - classes	后处理编译生成的文件，例如对 Java 类进行字节码增强（bytecode enhancement）
generate - test - sources	生成所有包含在测试编译过程中的测试源码
process - test - sources	处理测试源码，比如过滤一些值
generate - test - resources	生成测试需要的资源文件
process - test - resources	复制并处理测试资源文件至测试目标目录

续表 7-2

validate	验证项目是否正确，以及所有为了完整构建必要的信息是否可用
test-compile	编译测试源码至测试目标目录
test	使用合适的单元测试框架运行测试，这些测试应该不需要代码被打包或发布
prepare-package	在真正的打包之前，执行一些准备打包必要的操作
package	将编译好的代码打包成可分发的格式，如jar、war或ear
pre-integration-test	执行一些在集成测试运行之前需要的动作。如建立集成测试需要的环境
integration-test	如有必要，处理包并发布至集成测试可以运行的环境
post-integration-test	执行一些在集成测试运行之后需要的动作，如清理集成测试环境。
verify	执行所有检查，验证包是有效的，符合质量规范
install	安装包至本地仓库，以备本地的其他项目作为依赖使用
deploy	复制最终的包至远程仓库，共享给其他开发人员和项目（通常与一次正式的发布相关）

可见，构建生命周期被细分成了 21 个阶段，但是经常关联使用的只有 process-test-resources、test、package、install、deploy 等几个阶段而已。

一般来说，位于后面的过程都会依赖于之前的过程。这也就是为什么运行"mvn install"时，代码会被编译、测试、打包。当然，Maven 同样提供了配置文件，可以依照用户要求，跳过某些阶段。比如有时希望跳过测试阶段而直接 install，因为单元测试如果有任何一条没通过，Maven 就会终止后续的工作。

3. site 生命周期

site 生命周期如表 7-3 所示。

表 7-3 site 生命周期

pre-site	执行一些需要在生成站点文档之前完成的工作
site	生成项目的站点文档
post-site	执行一些需要在生成站点文档之后完成的工作，并且为部署做准备
site-deploy	将生成的站点文档部署到特定的服务器上

这里经常用到的是 site 阶段和 site-deploy 阶段，用以生成和发布 Maven 站点，这是 Maven 相当强大的功能。

7.4 Maven 命令

Maven 的所有任务都是通过插件来完成的，它本身只是一个空框架，不具备执行具体任务的能力。

Maven 的命令格式如下：

```
mvn [plugin-name]:[goal-name]
```

该命令的意思是：执行"plugin-name"插件的"goal-name"目标（或者称为动作）。

用户可以通过两种方式调用 Maven 插件目标。第一种方式是将插件目标与生命周期阶段（lifecycle phase）绑定，这样用户在命令行只是输入生命周期阶段而已，例如 Maven 默认将 maven-compiler-plugin 的 compile 目标与 compile 生命周期阶段绑定，因此命令 mvn compile 实际上是先定位到 compile 这一生命周期阶段，然后再根据绑定关系调用 maven-compiler-plugin 的 compile 目标。第二种方式是直接在命令行指定要执行的插件目标，例如 mvn archetype:generate 就表示调用 maven-archetype-plugin 的 generate 目标，这种带冒号的调用方式与生命周期无关。

常用的 Maven 命令如表 7-4 所示。

表 7-4 Maven 命令列表

命令	说明
mvn -version	显示版本信息
mvn clean	清理项目生产的临时文件，一般是模块下的 target 目录
mvn compile	编译源代码，一般编译模块下的 src/main/Java 目录
mvn package	项目打包工具，会在模块下的 target 目录生成 jar 或 war 等文件
mvn test	测试命令，或执行 src/test/java/ 下 junit 的测试用例
mvn install	将打包的 jar/war 文件复制到你的本地仓库中，供其他模块使用
mvn deploy	将打包的文件发布到远程参考，提供其他人员进行下载依赖
mvn site	生成项目相关信息的网站
mvn eclipse:eclipse	将项目转化为 Eclipse 项目
mvn dependency:tree	打印出项目的整个依赖树
mvn archetype:generate	创建 Maven 的普通 Java 项目
mvn tomcat:run	在 tomcat 容器中运行 Web 应用
mvn jetty:run	调用 Jetty 插件的 Run 目标在 Jetty Servlet 容器中启动 Web 应用

注意：运行 Maven 命令时，首先需要定位到 Maven 项目的目录，也就是项目的 pom.xml 文件所在的目录。否则，必以通过参数来指定项目的目录。

命令参数：上面列举的只是比较通用的命令，其实很多命令都可以携带参数以执行更精准的任务。

Maven 命令可携带的参数类型如下：

（1） -D 传入属性参数，比如命令：

```
mvn package -Dmaven.test.skip=true
```

以"-D"开头，将"maven.test.skip"的值设为"true"，就是告诉 maven 打包时跳过单元测试。同理，"mvn deploy -Dmaven.test.skip=true"代表部署项目并跳过单元测试。

（2） -P 使用指定的 Profile 配置。比如项目开发需要有多个环境，一般为开发、测试、预发、正式 4 个环境，在 pom.xml 中的配置如下：

```xml
<profiles>     <!-- 开发 -->
    <profile>
        <id>dev</id>
        <properties>
            <env>dev</env>
        </properties>
        <activation>
            <activeByDefault>true</activeByDefault>
        </activation>
    </profile>
    <profile>   <!-- 测试 -->
        <id>qa</id>
        <properties>
            <env>qa</env>
        </properties>
    </profile>
    <profile>   <!-- 预发 -->
        <id>pre</id>
        <properties>
            <env>pre</env>
        </properties>
    </profile>
    <profile>   <!-- 正式 -->
        <id>prod</id>
        <properties>
            <env>prod</env>
        </properties>
    </profile>
</profiles>
......
```

```xml
<build>
    <filters>
     <filter>config/${env}.properties</filter>
    </filters>
    <resources>
        <resource>
            <directory>src/main/resources</directory>
            <filtering>true</filtering>
        </resource>
    </resources>
     ......
  </build>
<profiles>
    <profile>
        <id>dev</id>
        <properties>
            <env>dev</env>
        </properties>
        <activation>
            <activeByDefault>true</activeByDefault>
        </activation>
    </profile>
    <profile>
        <id>qa</id>
        <properties>
            <env>qa</env>
        </properties>
    </profile>
    <profile>
        <id>pre</id>
        <properties>
            <env>pre</env>
        </properties>
    </profile>
    <profile>
        <id>prod</id>
        <properties>
            <env>prod</env>
        </properties>
    </profile>
</profiles>
```

```xml
......
<build>
    <filters>
        <filter>config/${env}.properties</filter>
    </filters>
    <resources>
        <resource>
            <directory>src/main/resources</directory>
            <filtering>true</filtering>
        </resource>
    </resources>
    ......
</build>
```

profiles 定义了各个环境的变量 ID，filters 中定义了变量配置文件的地址，其中地址中的环境变量就是上面 profile 中定义的值，resources 中是定义哪些目录下的文件会被配置文件中定义的变量替换。通过 Maven 可以实现按不同环境进行打包部署，命令为：

mvn package -P dev

其中，"dev"为环境的变量 id，代表使用 ID 为"dev"的 profile。

（3）-e 显示 Maven 运行出错的信息。

（4）-o 离线执行命令，即不去远程仓库更新包。

（5）-X 显示 Maven 允许的 debug 信息。

（6）-U 强制去远程更新 snapshot 的插件或依赖，默认每天只更新一次。

7.5　Maven 仓库

1. 本地仓库

Maven 一个很突出的功能就是 jar 包管理，一旦工程需要依赖 jar 包，只需在 Maven 的 pom.xml 配置一下，该 jar 包就会自动引入工程目录。初听来会觉得很神奇，下面探究一下它的实现原理。

首先，这些 jar 包有它们的来处，也有去处。集中存储这些 jar 包（还有插件等）的地方被称之为仓库（repository）。

不管这些 jar 包从哪里来，必须存储在电脑后，工程才能引用它们。类似于电脑里有个客栈，专门款待这些远道而来的客人，这个客栈就叫作本地仓库。

比如，工程中需要依赖 spring-core 这个 jar 包，在 pom.xml 中声明之后，Maven 会首先在本地仓库中找，如果找到了就自动引入工程的依赖 lib 库。如果找不到（这种情况经常发生，尤其初次使用 Maven 时，本地仓库肯定是空无一物的），就要靠 Maven 大展神通，去远程仓库下载。

2. 远程仓库

讲解远程仓库前，先从最核心的中央仓库开始，中央仓库是默认的远程仓库，Maven 在安装时，自带的默认中央仓库地址为 http://repo1.maven.org/maven2/，此仓库由 Maven 社区管理，包含了绝大多数流行的开源 Java 构件，以及源码、作者信息、SCM、信息、许可证信息等。一般，简单的 Java 项目依赖的构件都可以在这里下载到。Maven 社区提供了一个中央仓库的搜索地址：http://search.maven.org/#browse，可以查询到所有可用的库文件。除了中央仓库，还有其他很多公共的远程仓库，如中央仓库的镜像仓库。全世界都从中央仓库请求资源，速度肯定受影响，所以在世界各地还有很多中央仓库的镜像仓库。镜像仓库可以理解为仓库的副本，会从原仓库定期更新资源，以保持与原仓库的一致性。从仓库中可以找到的构件，从镜像仓库中也可以找到，直接访问镜像仓库，更快更稳定。

除此之外，还有很多各具特色的公共仓库，如有需要都可以在网上找到，比如 Apache Snapshots 仓库，包含来自 Apache 软件基金会的快照版本。实际开发中，一般不会使用 Maven 默认的中央仓库，现在业界使用最广泛的仓库地址为：http://mvnrepository.com/，比默认的中央仓库更快、更全、更稳定。

图 7-4 所示即是 spring-core 的最新版本在该仓库的信息。

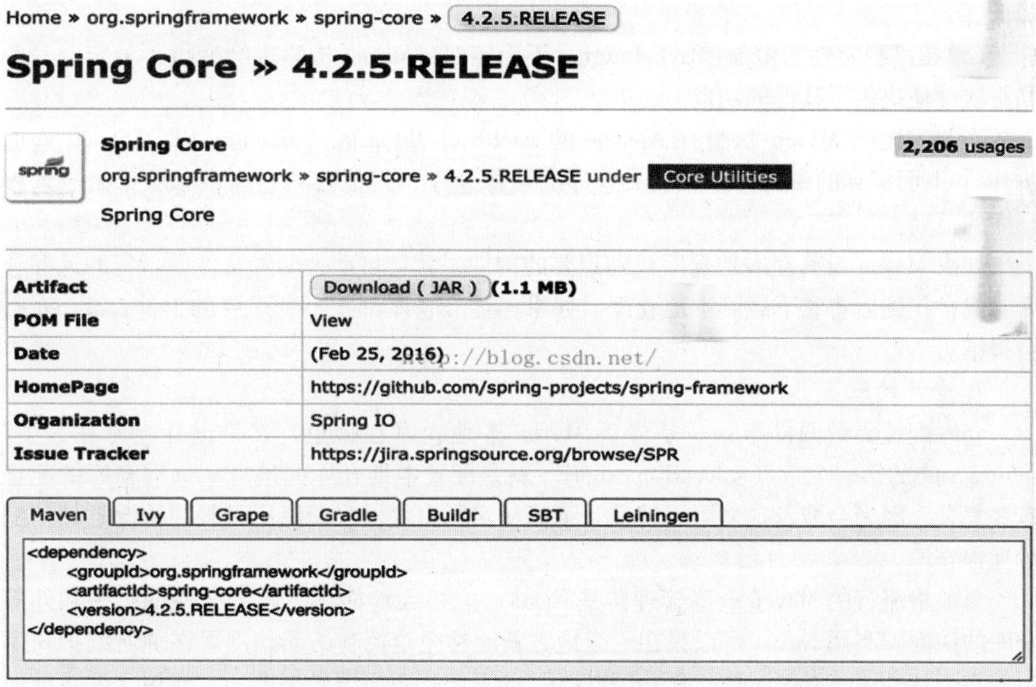

图 7-4 spring-core 的最新版本仓库的信息

公司一般都会通过自己的私有服务器在局域网内架设一个仓库代理。私服可以看作一种特殊的远程仓库，代理广域网上的远程仓库，供局域网内的 Maven 用户使用。当 Maven 需要下载构件时，先从私服请求，如果私服上不存在该构件，则从外部的远程仓库下载,缓存在私服上之后,再为 Maven 的下载请求提供服务。私服关系如图 7-5 所示。

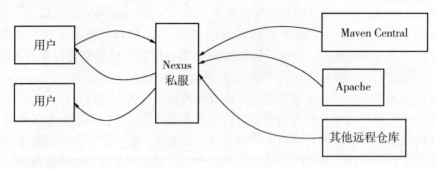

图 7-5 私服关系图

Maven 私服有很多好处:

(1)可以把公司的私有 jar 包,以及无法从外部仓库下载到的构件上传到私服上,供公司内部使用。

(2)节省自己的外网带宽:减少重复请求造成的外网带宽消耗。

(3)加速 Maven 构建:如果项目配置了很多外部远程仓库,构建速度就会大大降低。

(4)提高稳定性,增强控制:Internet 不稳定时,Maven 构建也会变得不稳定,一些私服软件还提供了其他的功能。

当前主流的 Maven 私服有 Apache 的 Archiva、JFrog 的 Artifactory 以及 Sonatype 的 Nexus。上面提到的中央仓库、中央仓库的镜像仓库、其他公共仓库、私服都属于远程仓库的范畴。

如果 Maven 没有在本地仓库找到想要的构件,就会自动去配置文件中指定的远程仓库寻找,找到后将它下载到本地仓库。如果连远程仓库都找不到想要的构件,Maven 则会报错。

3. 仓库的配置

仓库配置要做两件事:一是告诉 Maven 本地仓库在哪里,二是远程仓库在哪里。setting.xml 的第一个节点 <localRepository> 就是配置本地仓库的地方。远程仓库的配置有些复杂,因为会涉及很多附属特性。下面从实际出发,看看使用私服的情况下如何配置远程仓库。

目前最流行的 Maven 仓库管理器是 Nexus,它极大地简化了内部仓库的维护和外部仓库的访问。利用 Nexus 可以只在一个地方就能够完全控制访问和部署在你所维护仓库中的每个 Artifact。Nexus 是一套"开箱即用"的系统,不需要数据库,它使用文件系统加 Lucene 来组织数据。至于 Nexus 怎么部署,怎么维护仓库,作为开发人员是不需要关心的,只需要把 Nexus 私服的局域网地址写入 Maven 的本地配置文件即可。具体的配置方法如下:

1）设置镜像

```
<mirrors>
<mirror>
    <!--该镜像的唯一标识符.id用来区分不同的mirror元素. -->
    <id>nexus</id>
    <!-- 镜像名,起注解作用,应做到见文知意.可以不配置   -->
    <name>Human Readable Name </name>
    <!--  所有仓库的构件都要从镜像下载   -->
    <mirrorOf>*</mirrorOf>
    <!-- 私服的局域网地址 -->
    <url>http://192.168.0.1:8081/nexus/content/groups/public/</url>
</mirror>
</mirrors>
```

节点<mirrors>下面可以配置多个镜像，<mirrorOf>用于指明是哪个仓库的镜像，上例中使用通配符"*"表明该私服是所有仓库的镜像，不管本地使用了多少种远程仓库，需要下载构件时都会从私服请求。如果只想将私服设置成某一个远程仓库的镜像，使用<mirrorOf>指定该远程仓库的ID即可。

2）设置远程仓库

远程仓库的设置是在<profile>节点下面。

```
<repositories>
<repository>
  <!--仓库唯一标识 -->
  <id>repoId</id>
  <!--远程仓库名称   -->
  <name>repoName</name>
<!--远程仓库URL,如果该仓库配置了镜像,这里的URL就没有意义了,因为任何下载请求都
会交由镜像仓库处理,前提是镜像(也就是设置好的私服)需要确保该远程仓库里的任何构件都能
通过它下载到  -->
  <url>http://......</url>
  <!--如何处理远程仓库里发布版本的下载 -->
  <releases>
  <!--true 或者false 表示该仓库是否为下载某种类型构件(发布版、快照版)开启。-->
    <enabled>false</enabled>

<!-- 该元素指定更新发生的频率。Maven 会比较本地POM 和远程POM 的时间戳。这里的选项是: -->
<!-- always(一直),daily(默认,每日),interval:X(这里X是以分钟为单位的时间间
    隔),或者never(从不)。 -->
```

```
      <updatePolicy>always</updatePolicy>
      <!--当 Maven 验证构件校验文件失败时该怎么做：-->
      <!--ignore(忽略), fail(失败), 或者 warn(警告)。-->
      <checksumPolicy>warn</checksumPolicy>
    </releases>
    <!--如何处理远程仓库里快照版本的下载, 与发布版的配置类似 -->
    <snapshots>
      <enabled/>
      <updatePolicy/>
      <checksumPolicy/>
    </snapshots>
  </repository>
</repositories>
```

可以配置多个远程仓库，用<id>加以区分。除此之外，还有一个与<repositories>并列存在<pluginRepositories>节点，用于配置插件的远程仓库。仓库主要存储两种构件：第一种被用作其他构件的依赖，最常见的就是各类 jar 包。这是中央仓库中存储的大部分构件类型。另一种是插件，Maven 插件是一种特殊类型的构件。由于这个原因，插件仓库独立于其他仓库。<pluginRepositories>节点与<repositories>节点除了根节点的名字不一样，子元素的结构与配置方法完全一样：

```
<pluginRepositories>
    <pluginRepository>
        <id/>
        <name/>
        <url/>
        <releases>
            <enabled/>
            <updatePolicy/>
            <checksumPolicy/>
        </releases>

        <snapshots>
            <enabled/>
            <updatePolicy/>
            <checksumPolicy/>
        </snapshots>
    </pluginRepository>
</pluginRepositories>
```

远程仓库有 releases 和 snapshots 两组配置，POM 可以在每个单独的仓库中，为每种类型的构件采取不同的策略。例如，有时会只为开发目的开启对快照版本下载的支持，

就需要把 < releases > 中的 < enabled > 设为"false"，而 < snapshots > 中的 < enabled > 设为"true"。

由于远程仓库的配置是挂在 < profile > 节点下面，如果配置有多个 < profile > 节点，那么就可能有多种远程仓库的设置方案，该方案是否生效由它的父节点 < profile > 是否被激活决定。

3) 设置发布权限

私服的作用除了可以给全公司的人提供 Maven 构件的下载，还有一个非常重要的功能，就是开发者之间的资源共享。一个大的项目往往是分模块进行开发的，各个模块之间存在依赖关系，比如一个交易系统，分为下单模块、支付模块、购物车模块等。下单模块要调用支付模块中的接口来完成支付功能，就需要将支付模块的某些 jar 包引入本地工程，才能调用它的接口；同时，购物车模块要调用下单模块的接口来完成下单功能，就需要依赖下单模块的某些 jar 包。这三个模块都在持续开发中，不可能将各自的源码相互传递支持对方的依赖。

解决的方式是：每个模块完成了某个阶段性的功能，都会将提供对外服务的接口打成 jar 包，传到公司的私服当中，谁需要使用该模块的功能，只需要在 pom.xml 文件中声明一下，Maven 就会像下载其他 jar 包那样把它引入工程。

在开发过程中，在 pom 中声明的构件版本一般是快照版。

```
< dependency >
    < groupId >com. yourCompany. trade </groupId >
    < artifactId >trade - pay </artifactId >
    < version >1.0.2 - SNAPSHOT </version >
</dependency >
    < groupId >com. yourCompany. trade </groupId >
    < artifactId >trade - pay </artifactId >
    < version >1.0.2 - SNAPSHOT </version >
</dependency >
```

各个模块会不断上传新的 jar 包，如果本地项目依赖的是快照版，那么 Maven 一旦发现该 jar 包有新的发布，就会将它下载下来替代以前的旧版本。比如，支付模块在测试时发现有个 Bug，修复后，将快照版发布到私服。程序员只需要专注于下单模块的开发，所依赖的支付模块的更新由 Maven 处理，不需要关心。开发的模块修复了一个 Bug，或者添加了一个新功能等修改，只需要发布一次快照版本到私服即可，谁需要依赖该接口就去私服下载，无须开发人员关心。

一般私服建立完毕之后不需要认证即可访问，风险有点大，所以私服的权限设置很有必要。这时就需要使用 setting.xml 中的 servers 元素。需要注意的是，配置私服的信息是在 pom 文件中，但认证信息则是在 setting.xml 中，这是因为 pom 文件往往被提交到代码仓库中供所有成员访问，而 setting.xml 存放在本地，这样是安全的。

在 settings.xml 中，配置具有发布版本和快照版本权限的用户，如图 7-6 所示。

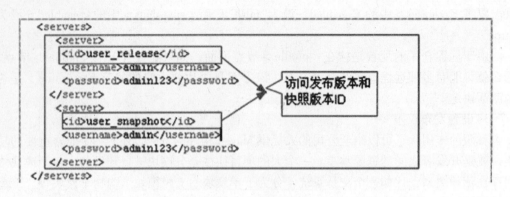

图 7-6 访问发布和快照 ID

上面的 ID 是 server 的 ID，不是用户登录的 ID，该 ID 与 distributionManagement 中 repository 元素的 ID 相匹配。Maven 是根据 pom 中的 repository 和 distributionManagement 元素来找到匹配的发布地址，如图 7-7 所示。

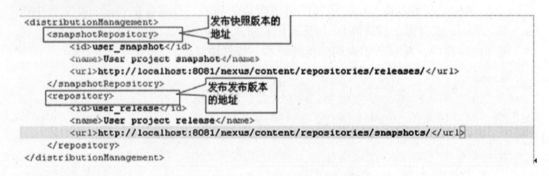

图 7-7 访问发布和快照地址

注意：pom 中的 ID 必须与 setting.xml 中配置好的 ID 一致。

然后运行 maven cleandeploy 命令，将自己开发的构件部署在私服上供组织内其他用户使用（maven clean deploy 和 maven clean install 的区别：deploy 是将该构件部署在私服中，而 install 是将构件存入自己的本地仓库中）。可能会有一个疑问：所有的仓库设置不是已经在 setting.xml 中配置好了吗，为什么在 pom 的发布管理节点当中还要配置一个 url？setting.xml 中配置的是从哪里下载构件，而这里配置的是要将构件发布到哪里。有时可能下载用的仓库与上传用的仓库是两个地址，但是绝大多数情况下，两者都是由私服充当，就是说两者是同一个地址。

7.6 settings.xml 配置文件详解

Maven 的配置文件 settings.xml 存在于两个地方：
①安装的地方：${M2_HOME}/conf/settings.xml；

②用户的目录：${user.home}/.m2/settings.xml。

前者又被称为全局配置，对操作系统的所有使用者生效；后者被称为用户配置，只对当前操作系统的使用者生效。如果两者都存在，它们的内容将被合并，并且用户范围的settings.xml会覆盖全局的settings.xml。

Maven安装后，用户目录下不会自动生成settings.xml，只有全局配置文件。如果需要创建用户范围的settings.xml，可以将安装路径下的settings复制到目录${user.home}/.m2/。Maven默认的settings.xml是一个包含了注释和例子的模板，可以快速地修改它来达到要求。

全局配置一旦更改，所有的用户都会受到影响，而且如果Maven进行升级，所有的配置都会被清除，所以要提前复制和备份${M2_HOME}/conf/settings.xml文件，一般情况下不推荐配置全局的settings.xml。

```
<?xml version = "1.0" encoding = "UTF - 8"? >
<settings   xmlns = "http://maven.apache.org/POM/4.0.0"
    xmlns:xsi = "http://www.w3.org/2001/XMLSchema - instance"
xsi: schemaLocation = " http: // maven.apache.org/POM/4.0.0 http: //
maven.apache.org/xsd/settings - 1.0.0.xsd">
    <!-- 本地仓库.该值表示构建系统本地仓库的路径。其默认值为${user.home}/.m2/
repository。 -->
    <localRepository>usr/local/maven</localRepository>
    <!--Maven是否需要和用户交互以获得输入。如果Maven需要和用户交互以获得输入，
则设置成true,反之则为false。默认为true。 -->
    <interactiveMode>true</interactiveMode>
    <!--Maven是否需要使用plugin - registry.xml文件来管理插件版本。   -->
<!-- 如果设置为true,则在{user.home}/.m2下需要有一个plugin - registry.xml来
对plugin的版本进行管理   -->
    <!--默认为false。 -->
    <usePluginRegistry>false</usePluginRegistry>
    <!--表示Maven是否需要在离线模式下运行。如果构建系统需要在离线模式下运行,则
为true,默认为false。  -->
    <!-- 当由于网络设置原因或者安全因素,构建服务器不能连接远程仓库时,该配置就十分
有用。   -->
    <offline>false</offline>
    <!--当插件的组织Id(groupId)没有显式提供时,供搜寻插件组织Id(groupId)的列
表。  -->
    <!-- 该元素包含一个pluginGroup元素列表,每个子元素包含了一个组织Id
(groupId)。   -->
    <!--当我们使用某个插件,并且没有在命令行为其提供组织Id(groupId)时,Maven就会
使用该列表。   -->
    <!--默认情况下该列表包含了org.apache.maven.plugins。   -->
    <pluginGroups>
        <!--plugin的组织Id(groupId) -->
```

```xml
        <pluginGroup>org.codehaus.mojo</pluginGroup>
    </pluginGroups>
<!--用来配置不同的代理,多代理profiles可以应对笔记本或移动设备的工作环境:通
过简单地设置profile id就可以很容易地更换整个代理配置。 -->
<proxies>
    <!--代理元素包含配置代理时需要的信息 -->
    <proxy>
        <!--代理的唯一定义符,用来区分不同的代理元素。-->
        <id>myproxy</id>
        <!--该代理是否是激活的那个。true则激活代理。当我们声明了一组代理,而某时刻只需
要激活一个代理时,该元素就可以派上用处。 -->
        <active>true</active>
        <!--代理的协议。协议://主机名:端口,分隔成离散的元素以方便配置。-->
        <protocol>http://...</protocol>   <!--代理的主机名。协议://主
机名:端口,分隔成离散的元素以方便配置。 -->
        <host>proxy.somewhere.com</host>
<!--代理的端口。协议://主机名:端口,分隔成离散的元素以方便配置。 -->
        <port>8080</port>
        <!--代理的用户名,用户名和密码表示代理服务器认证的登录名和密码。 -->
        <username>proxyuser</username>
        <!--代理的密码,用户名和密码表示代理服务器认证的登录名和密码。 -->
        <password>somepassword</password>
<!--不该被代理的主机名列表。该列表的分隔符由代理服务器指定;例子中使用了竖线分隔
符,使用逗号分隔也很常见。-->
        <nonProxyHosts>*.google.com|ibiblio.org</nonProxyHosts>
    </proxy>
</proxies>
<!--配置服务端的一些设置。一些设置如安全证书不应该和pom.xml一起分发。这种
类型的信息应该存在于构建服务器上的settings.xml文件中。-->
<servers>
    <!--服务器元素包含配置服务器时需要的信息  -->
    <server>
<!--这是server的id(注意不是用户登录的id),该id与distributionManagement中
repository元素的id相匹配。-->
        <id>server001</id>
        <!--鉴权用户名。鉴权用户名和鉴权密码表示服务器认证所需要的登录名和密码。  -->
        <username>my_login</username>
        <!--鉴权密码 。鉴权用户名和鉴权密码表示服务器认证所需要的登录名和密码。  --
>
        <password>my_password</password>
```

```xml
            <!--鉴权时使用的私钥位置。和前两个元素类似,私钥位置和私钥密码指定了一个
私钥的路径(默认是/home/hudson/.ssh/id_dsa)以及如果需要一下密钥的话,可以把
passphrase和password元素提取到外部,但必须在settings.xml文件以纯文本的形式声
明。  -->
            <privateKey>${usr.home}/.ssh/id_dsa</privateKey>
                <!--鉴权时使用的私钥密码。-->
            <passphrase>some_passphrase</passphrase>
<!--文件被创建时的权限。如果在部署时会创建一个仓库文件或者目录,这时就可以使用权
限(permission)。-->
<!--这两个元素合法的值是一个三位数字,其对应了Unix文件系统的权限,如664或者775。-->
            <filePermissions>664</filePermissions>
            <!--目录被创建时的权限。  -->
            <directoryPermissions>775</directoryPermissions>
                <!--传输层额外的配置项  -->
            <configuration></configuration>
                </server>
        </servers>
        <!--为仓库列表配置的下载镜像列表。 -->
<mirrors>
            <!--给定仓库的下载镜像。  -->
        <mirror>
                <!--该镜像的唯一标识符。id用来区分不同的mirror元素。 -->
            <id>planetmirror.com</id>
            <!--镜像名称  -->
            <name>PlanetMirror Australia</name>
<!--该镜像的URL。构建系统会优先考虑使用该URL,而非使用默认的服务器URL。-->
            <url>http://downloads.planetmirror.com/pub/maven2</url>
        <!--被镜像的服务器的id。例如,如果我们要设置一个Maven中央仓库(http://
repo1.maven.org/maven2)的镜像, -->
        <!--就需要将该元素设置成central。这必须和中央仓库的id central完全一致。-->
            <mirrorOf>central</mirrorOf>
        </mirror>
        </mirrors>
        <!--根据环境参数来调整构建配置的列表。settings.xml中的profile元素是
pom.xml中profile元素的裁剪版本。-->
        <!--它包含了id, activation, repositories, pluginRepositories和
properties元素。-->
        <!--这里的profile元素只包含这五个子元素是因为这里只关心构建系统这个整体(这
正是settings.xml文件的角色定位),而非单独的项目对象模型设置。-->
        <!--如果一个settings中的profile被激活,它的值会覆盖任何其他定义在POM中或者
profile.xml中的带有相同id的profile。 -->
```

```xml
<profiles>
    <!--根据环境参数来调整的构件的配置 -->
    <profile>
    <!--该配置的唯一标识符。 -->
        <id>test</id>
    <!--自动触发profile的条件逻辑。Activation是profile的开启钥匙。-->
    <!--如POM中的profile一样,profile的力量来自于它能够在某些特定的环境中自动使用某些特定的值;这些环境通过activation元素指定。-->
    <!--activation元素并不是激活profile的唯一方式。settings.xml文件中的activeProfile元素可以包含profile的id。-->
    <!--profile也可以通过在命令行,使用-P标记和逗号分隔的列表来显式地激活(如,-P test)。-->
        <activation>
        <!--profile默认是否激活的标识 -->
            <activeByDefault>false</activeByDefault>
        <!--activation有一个内建的Java版本检测,如果检测到jdk版本与期待的一样,profile被激活。-->
            <jdk>1.7</jdk>
        <!--当匹配的操作系统属性被检测到,profile被激活。os元素可以定义一些操作系统相关的属性。-->
            <os>
            <!--激活profile的操作系统的名字 -->
                <name>Windows XP</name>
            <!--激活profile的操作系统所属家族(如'windows') -->
                <family>Windows</family>
            <!--激活profile的操作系统体系结构 -->
                <arch>x86</arch>
            <!--激活profile的操作系统版本 -->
                <version>5.1.2600</version>
            </os>
        <!--如果Maven检测到某一个属性(其值可以在POM中通过${名称}引用),其拥有对应的名称和值,Profile就会被激活。-->
        <!--如果值字段是空的,那么存在属性名称字段就会激活profile,否则按区分大小写方式匹配属性值字段 -->
            <property>
            <!--激活profile的属性的名称 -->
                <name>mavenVersion</name>
            <!--激活profile的属性的值 -->
                <value>2.0.3</value>
            </property>
```

```xml
            <!--提供一个文件名,通过检测该文件的存在或不存在来激活profile。missing检查
文件是否存在,如果不存在则激活profile。-->
            <!--另一方面,exists则会检查文件是否存在,如果存在则激活profile。-->
                <file>
                    <!--如果指定的文件存在,则激活profile。-->
                    <exists>/usr/local/hudson/hudson-home/jobs/maven-guide-zh-to-production/workspace/</exists>
                    <!--如果指定的文件不存在,则激活profile。-->
                    <missing>/usr/local/hudson/hudson-home/jobs/maven-guide-zh-to-production/workspace/</missing>
                </file>
            </activation>
            <!--对应profile的扩展属性列表。Maven属性和Ant中的属性一样,可以用来存放一些值。这些值可以在POM中的任何地方使用标记${X}来使用,这里X是指属性的名称。-->
            <!--属性有五种不同的形式,并且都能在settings.xml文件中访问。-->
            <!--1.env.X:在一个变量前加上"env."的前缀,会返回一个shell环境变量。例如,"env.PATH"指代了$path环境变量(在Windows上是%PATH%)。-->
            <!--2.project.x:指代了POM中对应的元素值。-->
    <!--3.settings.x:指代了settings.xml中对应元素的值。-->
    <!--4.Java System Properties:所有可通过java.lang.System.getProperties()访问的属性都能在POM中使用该形式访问,-->
            <!--如/usr/lib/jvm/java-1.6.0-openjdk-1.6.0.0/jre。-->
<!--5.x:在<properties/>元素中,或者外部文件中设置,以${someVar}的形式使用。-->
                <properties>
            <!--如果这个profile被激活,那么属性${user.install}就可以被访问了-->
            <user.install>usr/local/winner/jobs/maven-guide</user.install>
                </properties>
<!--远程仓库列表,它是Maven用来填充构建系统本地仓库所使用的一组远程项目。-->
            <repositories>
                <!--包含需要连接到远程仓库的信息-->
                <repository>
                    <!--远程仓库唯一标识-->
                    <id>codehausSnapshots</id>
                    <!--远程仓库名称-->
                    <name>Codehaus Snapshots</name>
                    <!--如何处理远程仓库里发布版本的下载-->
                    <releases>
<!--true或者false表示该仓库是否为下载某种类型构件(发布版、快照版)开启。-->
                        <enabled>false</enabled>
<!--该元素指定更新发生的频率。Maven会比较本地POM和远程POM的时间戳。这里的选项是:-->
```

```xml
<!--always(一直),daily(默认,每日),interval:X(这里 X 是以分钟为单位的时间间隔),
或者 never(从不)。 -->
            <updatePolicy>always</updatePolicy>
            <!--当 Maven 验证构件校验文件失败时该怎么做:-->
<!--ignore(忽略),fail(失败),或者 warn(警告)。-->
            <checksumPolicy>warn</checksumPolicy>
        </releases>
        <!--如何处理远程仓库里快照版本的下载。有了 releases 和 snapshots 这
两组配置,POM 就可以在每个单独的仓库中,为每种类型的构件采取不同的策略。-->
        <!--例如,可能有人会决定只为开发目的开启对快照版本下载的支持。参见
repositories/repository/releases 元素 -->
        <snapshots>
            <enabled/>
            <updatePolicy/>
            <checksumPolicy/>
        </snapshots>
        <!--远程仓库 URL,按 protocol://hostname/path 形式 -->
        <url>http://snapshots.maven.codehaus.org/maven2</url>
<!--用于定位和排序构件的仓库布局类型-可以是 default(默认)或者 legacy(遗留)。-->
        <!--Maven 2 为其仓库提供了一个默认的布局;然而,Maven 1.x 有一种不同的
布局。我们可以使用该元素指定布局是 default(默认)还是 legacy(遗留)。  -->
            <layout>default</layout>
        </repository>
    </repositories>
        <!--发现插件的远程仓库列表。仓库是两种主要构件的家。第一种构件被用作其他
构件的依赖。这是中央仓库中存储的大部分构件类型。另外一种构件类型是插件。-->
        <!--Maven 插件是一种特殊类型的构件。由于这个原因,插件仓库独立于其他
仓库。pluginRepositories 元素的结构和 repositories 元素的结构类似。-->
        <!--每个 pluginRepository 元素指定一个 Maven 可以用来寻找新插件的远
程地址。-->
        <pluginRepositories>
<!--包含需要连接到远程插件仓库的信息,参见 profiles/profile/repositories/
repository 元素的说明 -->
            <pluginRepository>
                <releases>
                    <enabled/>
                    <updatePolicy/>
                    <checksumPolicy/>
                </releases>
                <snapshots>
                    <enabled/>
```

```
                    <updatePolicy/>
                    <checksumPolicy/>
                </snapshots>
                <id/>
                <name/>
                <url/>
                <layout/>
            </pluginRepository>
        </pluginRepositories>
        <!--手动激活profiles的列表,按照profile被应用的顺序定义
activeProfile。该元素包含了一组activeProfile元素,每个activeProfile都含有一
个profile id。-->
        <!--任何在activeProfile中定义的profile id,不论环境设置如何,其对
应的profile都会被激活。-->
        <!--如果没有匹配的profile,则什么都不会发生。例如,env-test是一个
activeProfile,则在pom.xml(或者profile.xml)中对应id的profile会被激活。-->
        <!--如果运行过程中找不到这样一个profile,Maven则会像往常一样运行。-->
        <activeProfiles>
            <activeProfile>env-test</activeProfile>
        </activeProfiles>
    </profile>
</profiles>
</settings>
```

上面的配置文件对各个节点的含义及作用都有注解。实际应用中,经常使用的是<localRepository>、<servers>、<mirrors>、<profiles>等有限的几个节点,其他节点使用默认值足够应对大部分的应用场景。

<profile>节点

在仓库的配置一节中,已经对setting.xml中的常用节点做了详细的说明。在这里需要特别介绍一下的是<profile>节点的配置,profile是Maven的一个重要特性。

<profile>节点包含激活(activation)、仓库(repositories)、插件仓库(pluginRepositories)和属性(properties)4个子元素。profile元素仅包含这4个元素是因为他们涉及整个的构建系统,而不是个别的项目级别的POM配置。

profile可以让Maven自动适应外部的环境变化,比如同一个项目,在Linux下编译linux的版本,在Win下编译win的版本等。一个项目可以设置多个profile,也可以在同一时间设置多个profile被激活(active)。自动激活的profile的条件可以是各种各样的设定条件,组合放置在activation节点中,也可以通过命令行直接指定。如果认为profile设置比较复杂,可以将所有的profiles内容移动到专门的profiles.xml文件中,不过要和pom.xml放在一起。

2. activation 节点

activation 节点是设置该 profile 在什么条件下会被激活，常见的条件有如下几个：

（1）os：判断操作系统相关的参数，它包含如下可以自由组合的子节点元素：

message——规则失败之后显示的消息。

arch——匹配 CPU 结构，常见为 x86。

family——匹配操作系统家族，常见的取值为：dos、mac、netware、os/2、unix、windows、win9x、os/400 等。

name——匹配操作系统的名字。

version——匹配的操作系统版本号。

display——检测到操作系统之后显示的信息。

（2）jdk：检查 jdk 版本，可以用区间表示。

（3）property：检查属性值，本节点可以包含 name 和 value 两个子节点。

（4）file：检查文件相关内容，包含两个子节点：exists 和 missing，分别用于检查文件存在和不存在两种情况。

如果 settings 中的 profile 被激活，那么它的值将覆盖 POM 或者 profiles.xml 中的任何相等 ID 的 profiles。

如果想要某个 profile 默认处于激活状态，可以在 <activeProfiles> 中将该 profile 的 ID 放进去。这样，不论环境设置如何，其对应的 profile 都会被激活。

7.7 使用 Maven 进行 JUnit 测试

Maven 的重要职责之一就是自动运行单元测试，它通过 maven – surefire – plugin 与主流的单元测试框架 JUnit 集成，并且能够自动生成丰富的结果报表。

Maven 并不是一个单元测试框架，它只是在构建执行特定的生命周期阶段时，通过插件来执行 JUnit 或 testNG 的测试用例，这个插件就是 maven – surefire – plugin，也叫作测试运行器。maven – surefire – plugin 会自动执行测试源码路径下（src/test/java）的所有符合命名模式的测试用例

7.7.1 下载 Maven 相关包安装与配置

Maven 可以在官网下载，目前最新版本 3.3.9。下面为下载地址：

http：//apache.fayea.com/maven/maven – 3/3.3.9/binaries/apache – maven – 3.3.9 – bin.zip

打开系统属性面板（桌面上右键单击"我的电脑"→"属性"），点击高级系统设置，再点击环境变量，在系统变量中新建一个变量，变量名为 M2_HOME，变量值为 Maven 的安装目录 D：\apache – maven – 3.3.9。如图 7 – 8 所示，点击确定，接着在系统变量中找到一个名为 Path 的变量，在变量值的末尾加上"%M2_HOME%\bin;"，注意多个值之间需要有分号隔开，然后点击确定。至此，环境变量设置完成，详细情况如图 7 – 9 所示。

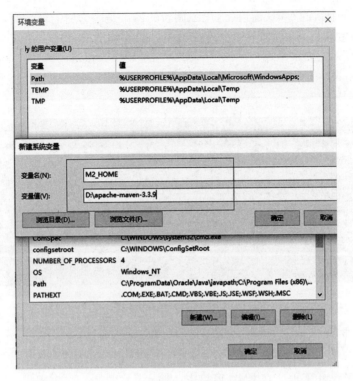

图 7-8 增加 M2_HOME 环境变量

图 7-9 增加 M2 的 Path 的路径

现在打开一个新的 CMD 窗口(这里强调新的窗口是因为新的环境变量配置需要新的 CMD 窗口才能生效),运行如下命令检查 Maven 的安装情况:

mvn – v

如图 7 – 10 所示。

图 7 – 10　Maven 版本信息

7.7.2　创建 Maven 项目

用于创建 Maven 工程,在 CMD 窗口中,输入

mvn archetype:generate　– DgroupId = com. sise – DartifactId = MyFirstMaven

mvn – B archetype:generate　– DarchetypeGroupId = org. apache. maven. archetypes – DgroupId = com. sise　– DartifactId = MyFirstMaven

第一次运行时,Maven 要下载相关的插件,如图 7 – 11 所示。

图 7 – 11　Maven 下载相关的插件

再用一个 CMD 窗口,进入到保存项目描述文件(pom. xml)的目录下,输入

mvn eclipse:eclipse　– DdownloadSources = true

调用 maven – eclipse – plugin 生成两个文件(. project 和 . classpath),以便于导入到 Eclipse 中。创建项目成功后并导入到 Eclipse,如图 7 – 12 所示。

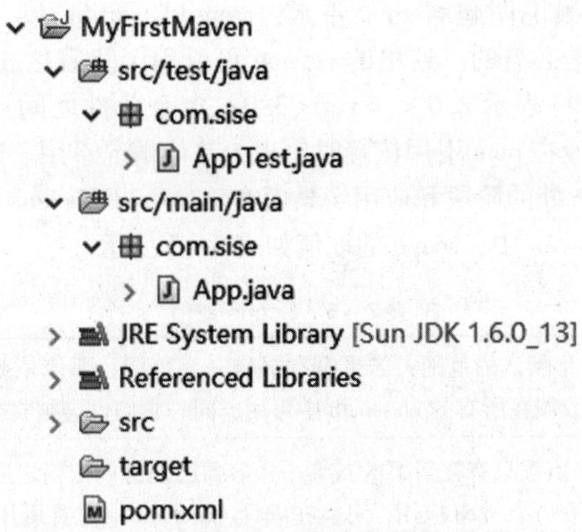

```
  v 📁 MyFirstMaven
      v 📦 src/test/java
          v ⊞ com.sise
              > 🗋 AppTest.java
      v 📦 src/main/java
          v ⊞ com.sise
              > 🗋 App.java
      > 📚 JRE System Library [Sun JDK 1.6.0_13]
      > 📚 Referenced Libraries
      > 📂 src
        📂 target
        📄 pom.xml
```

图 7-12 项目目录

打开 pom.xml，其他代码如下：

```xml
<project xmlns="http://maven.apache.org/POM/4.0.0" xmlns:xsi="http://www.w3.org/2001/XMLSchema-instance"
  xsi:schemaLocation=" http://maven.apache.org/POM/4.0.0 http://maven.apache.org/xsd/maven-4.0.0.xsd">
  <modelVersion>4.0.0</modelVersion>

  <groupId>com.sise</groupId>
  <artifactId>MyFirstMaven</artifactId>
  <version>1.0-SNAPSHOT</version>
  <packaging>jar</packaging>

  <name>MyFirstMaven</name>
  <url>http://maven.apache.org</url>

  <properties>
    <project.build.sourceEncoding>UTF-8</project.build.sourceEncoding>
  </properties>

  <dependencies>
    <dependency>
      <groupId>junit</groupId>
      <artifactId>junit</artifactId>
      <version>3.8.1</version>
      <scope>test</scope>
    </dependency>
  </dependencies>
</project>
```

任意一个外部依赖说明包含几个要素：groupId、artifactId、version、scope、type、optional，其中前3个是必需的。这里的 version 可以用区间表达式来表示，比如(2.0,)表示 >2.0，[2.0, 3.0) 表示 2.0 <= ver < 3.0；多个条件之间用逗号分隔，比如[1, 3]，[5, 7]。type 一般在 pom 引用依赖时出现，其他情况不用。Maven 认为，程序对外部的依赖会随着程序所处的阶段和应用场景而变化，所以 Maven 中的依赖关系有作用域（scope）的限制。在 Maven 中，scope 的取值如表7-5所示。

表7-5 Scope 取值

compile（编译范围）	compile 是默认的范围；如果没有提供一个范围，那该依赖的范围就是编译范围。编译范围依赖在所有的 classpath 中可用，同时它们也会被打包
provided（已提供范围）	provided 依赖只有在当 JDK 或者一个容器已提供该依赖之后才使用。例如，如果程序员开发了一个 Web 应用，可能在编译 classpath 中需要可用的 Servlet API 来编译一个 servlet，但是不会想要在打包好的 war 中包含这个 Servlet API；这个 Servlet API JAR 由应用服务器或者 servlet 容器提供。已提供范围的依赖在编译 classpath（不是运行时）可用。它们不是传递性的，也不会被打包
runtime（运行时范围）	runtime 依赖在运行和测试系统时需要，但在编译时不需要。比如，可能在编译时只需要 JDBC API JAR，而只有在运行时才需要 JDBC 驱动实现
test（测试范围）	test 范围依赖在编译和运行时都不需要，它们只有在测试编译和测试运行阶段可用
system（系统范围）	system 范围依赖与 provided 类似，但是必须显式地提供一个对于本地系统中 JAR 文件的路径。这么做是为了允许基于本地对象编译，而这些对象是系统类库的一部分。这样的构件应该是一直可用的，Maven 也不会在仓库中去寻找它。如果将一个依赖范围设置成系统范围，必须同时提供一个 systemPath 元素。注意该范围是不推荐使用的（应该一直尽量去从公共或定制的 Maven 仓库中引用依赖）

依赖关系有作用域的比较，如表7-6所示。

表7-6 依赖关系有作用域的比较

依赖范围	编译有效	测试有效	运行有效	例子
compile	√	√	√	Spring - core
test	—	√	—	JUnit
provided	√	√	—	Servlet - api
runtime	—	√	√	JDBC 驱动
system	√	√	—	本地的 Maven 仓库之外

将上面的依赖 JUnit 的版本 <version>3.8.1</version>，改为 <version>4.12</version>。这样可以在构建系统时使用最新的 JUnit 版本。

7.7.3 运行 Maven 项目

编写主代码：src/main/java 目录下创建文件 com/sise/HelloWorld.java，其内容如代码清单如下：

```java
package com.sise;
public class HelloWorld {
    public String sayHello() {
        return "Hello Maven";
    }
    public static void main(String[] args) {
        System.out.print(new HelloWorld().sayHello());
    }
}
```

运行命令 mvn compile，其运行结果如图 7-13 所示。

```
[INFO] Scanning for projects...
[INFO]
[INFO] ------------------------------------------------------------
[INFO] Building MyFirstMaven 1.0-SNAPSHOT
[INFO] ------------------------------------------------------------
[INFO]
[INFO] --- maven-resources-plugin:2.4.3:resources (default-resources) @ MyFirstMaven ---
[INFO] Using 'UTF-8' encoding to copy filtered resources.
[INFO] skip non existing resourceDirectory C:\Users\ly\MyFirstMaven\src\main\resources
[INFO]
[INFO] --- maven-compiler-plugin:2.3.2:compile (default-compile) @ MyFirstMaven ---
[INFO] Nothing to compile - all classes are up to date
[INFO] ------------------------------------------------------------
[INFO] BUILD SUCCESS
[INFO] ------------------------------------------------------------
[INFO] Total time: 0.617s
[INFO] Finished at: Mon Nov 14 01:38:46 CST 2016
[INFO] Final Memory: 5M/76M
[INFO] ------------------------------------------------------------
```

图 7-13 mvn compile 运行结果

编写测试代码：src/test/java 目录下创建文件 com/sise/HelloWorldTese.java，其内容如代码清单如下：

```java
package com.sise
import static org.junit.Assert.assertEquals;
import org.junit.Test;


public class HelloWorldTest
{
```

```
@Test
public void testSayHello()
{
    HelloWorld helloWorld = new HelloWorld();
    String result = helloWorld.sayHello();
    assertEquals( "Hello Maven", result );
}
}
```

运行命令 mvn test，其运行结果如图 7-14 所示。

```
-------------------------------------------------
 T E S T S
-------------------------------------------------
Running com.sise.AppTest
Tests run: 1, Failures: 0, Errors: 0, Skipped: 0, Time elapsed: 0.047 sec
Running com.sise.HelloWorldTest
Tests run: 1, Failures: 0, Errors: 0, Skipped: 0, Time elapsed: 0.038 sec

Results :

Tests run: 2, Failures: 0, Errors: 0, Skipped: 0

[INFO] ------------------------------------------------------------------------
[INFO] BUILD SUCCESS
[INFO] ------------------------------------------------------------------------
[INFO] Total time: 2.217s
[INFO] Finished at: Mon Nov 14 01:45:45 CST 2016
[INFO] Final Memory: 14M/106M
[INFO] ------------------------------------------------------------------------
```

图 7-14 mvn test 运行结果

测试结果放入到 target 的相关目录下，如图 7-15 所示。

```
▽ 📁 target
    ▽ 📁 surefire
        📄 surefire7408287861603825327tmp
        📄 surefire75271734278181364tmp
    ▽ 📁 surefire-reports
        📄 com.sise.AppTest.txt
        📄 com.sise.HelloWorldTest.txt
        📄 TEST-com.sise.AppTest.xml
        📄 TEST-com.sise.HelloWorldTest.xml
```

图 7-15 target 目录

配置 maven-compiler-plugin 支持 Jre 1.6。

```
<build>
    <plugins>
        <plugin>
```

```
            <groupId>org.apache.maven.plugins</groupId>
            <artifactId>maven-compiler-plugin</artifactId>
            <configuration>
                <source>1.6</source>
                <target>1.6</target>
            </configuration>
        </plugin>
    </plugins>
</build>
```

将项目进行编译、测试之后，下一个重要步骤就是打包(package)。Hello World 的 POM 中没有指定打包类型，使用默认打包类型 jar，可以简单地执行命令 mvn clean package 进行打包，其运行结果如图 7-16 所示。

图 7-16　mvn package 打包结果

至此，得到了项目的输出，如果有需要，就可以复制这个 jar 文件到其他项目的 classpath 中，从而使用 HelloWorld 类。但如何才能让其他的 Maven 项目直接引用这个 jar 呢？还需要一个安装的步骤，执行 mvn install。

配置 maven-surefire-plugin，得测试报告。

```
<plugin>
            <artifactId>maven-surefire-plugin</artifactId>
            <configuration>
                <testFailureIgnore>true</testFailureIgnore>
            </configuration>
        </plugin>
```

执行 mvn surefire-report：report，其运行结果如下，在 target 的目录下会产生一个 site 的目录，其下面会生成一个 surefire-report.html，如图 7-17 所示。

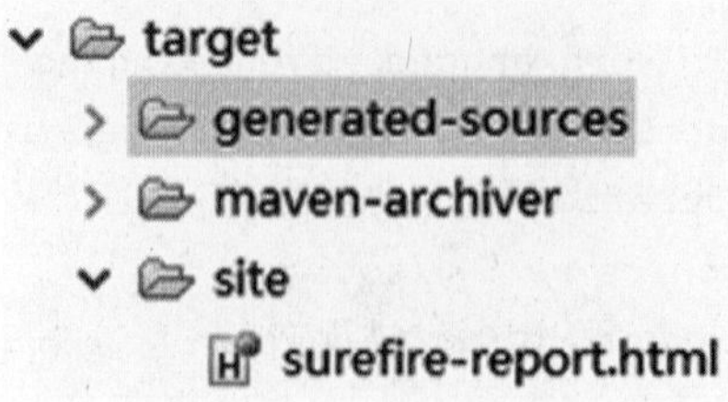

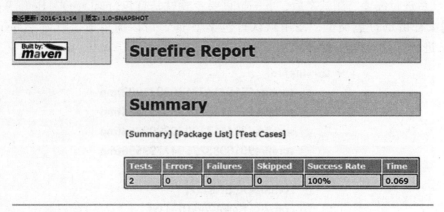

图 7-17　mvn surefire-report：report 运行结果

为了更好查看这个测试报告，我们可以先通过执行 mvn site 来生成 Maven 的站点。测试报告如图 7-18 所示。

图 7-18　surefire-report 测试报告

配置 maven-clover-plugin，得测试覆盖率报告。

```
<plugin>
        <artifactId>maven-clover-plugin</artifactId>
        <configuration>
            <encoding>${project.build.sourceEncoding}</encoding>
        </configuration>
</plugin>
```

执行 mvn cobertura：cobertura，其运行结果如图 7-19 所示。

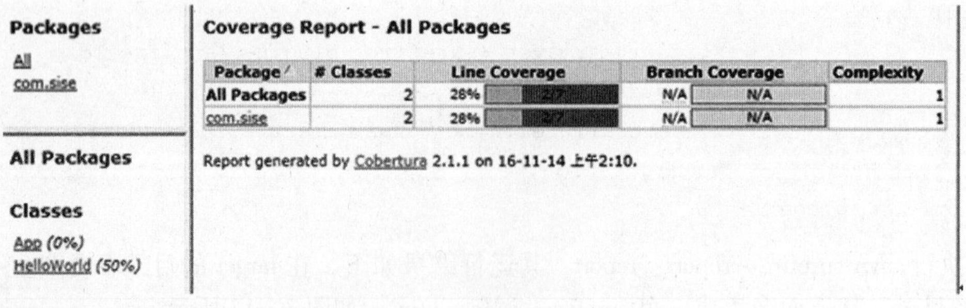

图 7-19　测试覆盖率报告

小 结

Maven 是一个项目管理和整合的工具。Maven 为开发者提供了三套完整的构建生命周期框架。
- CleanLifecycle　在进行真正的构建之前进行一些清理工作。
- DefaultLifecycle　构建的核心部分，编译、测试、打包、部署等等。
- SiteLifecycle　生成项目报告、站点，发布站点。

开发及测试团队基本不用花多少时间就能自动完成工程的基础构建配置，因为 Maven 使用了一个标准的目录结构和一个默认的构建生命周期。在创建报告、检查、构建和测试自动配置时，Maven 可以让工作变得更简单。Maven 是基于 POM 模型，它提供了一个 pom.xml 配置文件，其主要的功能是对插件和相关依赖 jar 包进行管理。通过对 pom.xml 的编辑，插入相关的测试插件，方便执行测试及测试报告的生成。

8 服务器端应用测试

组件测试是软件外包项目软件质量控制中不可缺少的一个环节。从本章开始,介绍如何对软件外包项目 JavaEE 组件进行单元测试。对组件进行单元测试要难于对普通 Java 类进行单元测试,这是因为组件要与它们的容器打交道,而容器只有在运行时才能提供报务。JUnit 并没有像其他 JavaEE 组件那样设计成在容器内执行。本章介绍一种对 JavaEE 组件进行单元测试的方法:容器内单元测试(incontainer unit test),也称作集成单元测试(integration unit test)。讨论使用 Cactus 框架在容器内运行 JavaEE 测试的好处与坏处。

8.1 Cactus 简介

Cactus 是一套简单、易于使用的服务器端测试框架,可以使开发人员很轻松地测试服务器端的程序。Cactus 是 JUnit 的一个扩展,但是它又和 JUnit 有一些不同。Cactus 的测试分为三种不同的测试类别:JspTestCase、ServletTestCase、FilterTestCase,而不像 JUnit 只有一种 TestCase。Cactus 的测试代码有服务器端和客户端两部分,它们协同工作。Cactus 是针对集成单元测试的开源框架。可以在容器内对 Java EE 服务器端组件(如 JSP、Servlet、EJB、数据库等)进行细粒度的单元测试。

8.1.1 Cactus 测试的生命周期

Cactus 测试会创建两个 TestCase,一个在客户端,另一个在服务器端。两个 TestCase 分别由各自的 TestRunner 执行。还创建一个 proxy redirector 对象,这个对象实现了 Cactus 的逻辑,如图 8-1 所示。

Cactus 测试分为客户端 JVM 和服务器端 JVM(也就是在容器内)两个方面的测试。

第一步:执行 beginXXX。这一步是在客户端中运行。当存在 beginXXX 方法时,将自动执行。这个方法的作用是准备提供给服务端 redirector 的信息。传递的信息是 HTTP 相关参数,比如 HTTP 报文头部、cookie 等等。也就是设置这个测试需要的一些参数。这是在客户端 TestCase 创建后调用。

第二步:打开 redirector 连接。这一步就是服务器和客户端进行连接。在第一步中准备的一些参数在这一步传递给服务器端的 redirector。当然这是在 Cactus 的 redirector

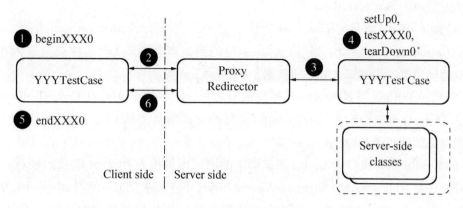

图 8-1 Cactus 测试的生命周期

对象创建后执行。

第三步：创建服务器端的 TestCase 实例。这一步是在服务器端执行。redirector 对象会创建一个服务器端的 TestCase 实例。获得容器对象后通过设置类变量赋给 TestCase 实例。

第四步：在服务器端进行测试。在服务器端启动测试，调用 JUnit 的一系列方法（setUp、testXXX、tearDown 等），并把测试结果保存到一个 ServletConfig servlet 对象中。

第五步：执行 endXXX。这一步是在客户端获得来自 redirector 的响应后执行。执行这个方法，作用是对比测试结果是否与预期相同，也就是对获得的测试结果进行断言。

第六步：收集测试结果。这一步就是把服务端的测试结果返回到客户端。在 Cactus 生命周期的最后，总结客户端的测试所得的返回信息（第五步）和服务端中执行的结果（第四步），运行 TestRunner 把测试结果显示出来。到此 Cactus 完成任务。

以上的 Cactus 的生命周期，测试驱动开发过程中不必关注，其中的复杂性被封装在 Cactus 框架中。对于开发者只需扩展 Cactus 中的 TestCase（如 JSPTestCase、ServletTestCase 等等），在其中编写初始化方法设置参数，测试方法即可。

8.1.2 Cactus 的常用接口和类

Cactus 常用的有如下接口和类：

（1）CactusTestCase 接口是被所有 Cactus 测试类实现的接口。它的唯一方法是 runBareServer() 方法，用来在服务器端运行 JUnit 测试，等价于 JUnit 中的 runBase() 方法，但这运行于客户端。

（2）AbstractCactusTestCase 类是所有 Cactus 测试类的基类。Cactus 三种类型的测试脚本类都要继承于该测试脚本类。

（3）ServletTestCase 类是 Cactus 三种测试类之一，它继承于 AbstractCactusTestCase 类，实现了 CactusTestCase 接口。用 Cactus 编写的测试脚本测试 Servlet 组件时，测试脚

本类必须继承于 ServletTestCase 类。

（4）JspTestCase 类是 Cactus 三种测试类之一，它继承于 AbstractCactusTestCase 类，实现了 CactusTestCase 接口。当用 Cactus 编写的测试脚本测试 JSP 组件或者嵌入在 JSP 组件中的标签时，测试脚本类必须继承于 JspTestCase 类。

（5）FilterTetCase 类是 Cactus 三种测试类之一，它继承于 AbstractCactusTestCase 类，实现了 CactusTestCase 接口。当用 Cactus 编写的测试脚本测试 Filter 过滤器对象时，测试脚本类必须继承于 FilterTestCase 类。

（6）WebRequest 接口为 Cactus 测试脚本的测试用例传入 Request 对象的接口。它最常用的方法是 addParameter(String theName, String theValue) 方法，其中 theName 为参数的名称，theValue 为参数的数值。这个方法的主要作用是将客户端参数传入给 Request 对象。

（7）WebResponse 接口是 Response 对象接口的实现，它提供的最基本的功能是断言服务器端响应给客户端的输出数据流。Cactus 提供一些简单的输出数据流断言方法，但对于复杂的数据流断言，可以用 com.meterware.httpunit.webResponse 参数替换 org.apache.cactus.WebResponse 类，参数传入到客户端测试脚本方法 endXXXX() 方法中，以便简化用来断言输出数据流的测试脚本。

8.1.3　Cactus 的 TestCase 框架

在 Cactus 下，所写的 TestCase 与 JUnit 有所不同，下面是测试类的完整代码框架：

```
Public class TestSample extends Servlet TestCase/JspTestCase/FilterTestCase {
public TestSample(StringtestName){
super(testName);
}
Public void setUp(){ }
Public void tearDown(){ }
Public void beginXXX(WebRequest theRequest){ }
Public void testXXX(){ }
Publi cvoid endXXX(WebResponse theResponse){ }
}
```

上面是一个 Cactus 测试类的完整代码框架，其中的 extends 部分需要按所测试的不同目标来继承不同的类。另外要注意 beginXXX() 和 endXXX() 这两个方法，两者分别会在 testXXX() 执行前和执行后执行，它们和 setUp()、tearDown() 不同的是，beginXXX() 和 endXXX() 会在相应的 testXXX() 前执行，而 setUp() 和 tearDown() 则在每个 testXXX() 方法前都会执行。另外 beginXXX() 和 endXXX() 是客户端代码，所以在这两个方法里是无法使用 request 这样的服务端对象的。

对于 endXXX( )方法，需要说明的是，在 Cactus v1.1 前(包括 v1.1)，它的形式是 public void endXXX(HttpURLConnection theConnection)，而在 Cactus v1.2 开始它的形式有两种可能：

public void endXXX(org. apache. cactus. WebResponsetheResponse)；

Public void endXXX(com. meterware. httpunit. WebResponsetheResponse)；

可以看到区别在于引用的包不同，因为 v1.2 版开始 Cactus 集成了 HttpUnit 这个组件。

下面我们来看一段代码，比较一下两者的区别：

```
Public void endXXX (org. apache. cactus. WebResponse theResponse)
{
String content = theResponse. getText();
assertEquals(content,"<html><body><h1>Helloworld!</h1></body></html>");
}
    public void endXXX(com. meterware. httpunit. WebResponse theResponse){
    WebTable table = theResponse. getTables()[0];
    assertEquals("rows",4,table. getRowCount());assertEquals("columns",3,table. getColumnCount());
    assertEquals("links",1,table. getTableCell(0,2). getLinks(). length);
    }
```

HttpUnit 集成，对返回的 HTML 页进行校验。当 Cactus 需要执行 endXXX 方法时，首先在 org. apache. cactus. WebResponse 中寻找 endXXX 的定义，如果找到定义就调用它，否则 Cactus 继续在 com. meterware. httpunit. WebResponse 中寻找 endXXX 的定义，如果找到的话就调用。利用 HttpUnit，可以将 XML 和 HTML 的返回页当作 DOM 对象来看待。

8.2 用 Cactus 进行测试

下面通过一个典型的外包项目 Web 应用例子测试讲解如何运用 Cactus 对 JavaEE 服务器端组件进行测试。

应用程序首先接受用户包含执行 SQL 查询的 HTTP 请求。请求被一个安全 filter 捕获，该安全 filter 用来检查 SQL 查询是否是一个 Select 查询(以避免修改数据库)。如果不是，用户将被重定向到一个错误页面；如果是，那么就将调用 AdminServlet，该 Servlet 执行请求的数据库查询并将结果传送到显示结果的 JSP。JSP 使用标签返回结果并且在 HTML 中显示结果。

应用实例的构架如图 8-2 所示。

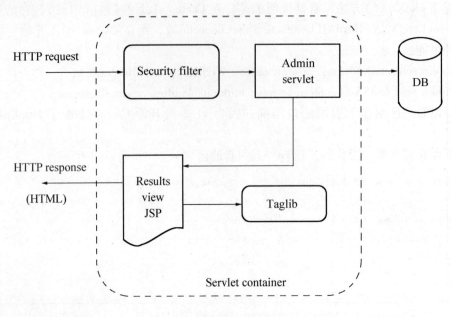

图 8-2 典型的 Web 应用构架

8.2.1 用 Cactus 对 Servlet 进行单元测试

AdminServlet 的需求如下:该 Servlet 从 HTTP 请求中提取包括将要执行的命令的需用参数(本例中是 SQL 命令),然后将使用提取的命令来获取数据。最后,它将控制权转交给 JSP 页面显示传过来的数据。把对应于这些行为的方法分别称为:

getCommand executeCommand callView。

AdminServlet 的代码如下:

```
import java.io.IOException;
import java.util.Collection;
import javax.servlet.ServletException;
import javax.servlet.http.HttpServletRequest;
import javax.servlet.http.HttpServletResponse;

public class AdminServlet {
    public static final String COMMAND_PARAM = "command";
    //提取将要执行的命令参数.
    public String getCommand(HttpServletRequest request)
           throws ServletException {
        String command = request.getParameter(COMMAND_PARAM);
        if (command == null) {
            throw new ServletException ("Missing parameter [" + COMMAND_PARAM + "]");
```

```
        }
        return command;
    }
    //将获取的结果显示在 results.jsp 的页面上.
    public void callView (HttpServletRequest request, HttpServletResponse
response) throws ServletException, IOException {
        request.getRequestDispatcher ("/results.jsp").forward (request,
response);
    }
/*  executeCommand 方法是来执行命令参数的结果并存储在 HTTP servlet 请求中,
 *  至于具体如何执行,这里并没有详细的说明.
**/
public Collection executeCommand(String command) throws Exception {
        throw new RuntimeException("not implemented");
    }
  /* doGet 方法通过调用不同的方法将所有的东西联系在一起.
   * 应用程序的一个方法就是将 executeCommand 方法的结果存储在 HTTP servlet 请
求中,
   * 请求通过 callView 方法(经由 servlet 转发)传给 JSP.
   * 然后能从请求(可能使用一个 useBean 标签)中获取数据并将其显示在 results.jsp 页
面上.
**/
    public void doGet (HttpServletRequest request, HttpServletResponse
response)
            throws ServletException {
        try {
            Collection results = executeCommand(getCommand(request));
            request.setAttribute("result", results);
        } catch (Exception e) {
            throw new ServletException("Failed to execute command", e);
        }
    }
}
```

上述代码中,getCommand(HttpServletRequest request)用来提取将要执行的命令参数。executeCommand()方法执行命令参数的结果并存储在 HTTP servlet 请求中,至于具体如何执行,这里并没有详细说明。callView()将获取的结果显示在 results.jsp 的页面上。doGet()方法通过调用不同的方法将所有的东西联系在一起。应用程序的一个方法就是将 executeCommand 方法的结果存储在 HTTP servlet 请求中,请求通过 callView()方法(经由 servlet 转发)传给 JSP。然后能从请求(可能使用一个 useBean 标签)中获取数据并将其显示在 results.jsp 页面上。

通过上面的分析可以得知，要对 AdminServlet 进行测试，我们主要测试三个方法：getCommand( )、callView( )、doGet( )。

下面分析对 getCommand( )的测试。测试 getCommand( )分为两种情况：一种是正常情况，有参数传过来；另一种是异常情况，没有传参数过来，则抛出异常。对 getCommand( )的测试代码如下：

```java
public class TestAdminServlet extends ServletTestCase {
    public void beginGetCommandOk(WebRequest request) {
        request.addParameter("command", "SELECT...");
    }

    public void testGetCommandOk() throws Exception {
        AdminServlet servlet = new AdminServlet();
        String command = servlet.getCommand(request);
        assertEquals("SELECT...", command);
    }

    public void testGetCommandNotDefined() {
        AdminServlet servlet = new AdminServlet();
        try {
            servlet.getCommand(request);
            fail("Command should not have existed");
        } catch (ServletException expected) {
            assertTrue(true);
        }
    }
}
```

上面的测试用例继承了 ServletTestCase，因为我们需要的是一个 servlet。beginGetCommandOk（WebRequest request）设置了一个请求的参数，由 testGetCommandOk( )执行测试，并且做了断言。注意到两个方法的名称是对应的，除了开头 begin 和 test，其他都相同。另一个测试方法 testGetCommandNotDefined( )，并没有 beginXXX( )的方法，那是因为正要测试没有传递的情况。我们注意到这两个测试都没有用到 endXXX( )的方法，因两个测试都不需要到客户端做验证。

下面要考虑的是：callView 方法和 doGet 方法。

doGet 方法通过调用不同的方法将所有的东西联系在一起。设计这个应用程序的方法之一就是将 executeCommand 方法的结果存储在 HTTP servlet 请求中，请求通过 callView 方法(经由 servlet 转发)传给 JSP。然后能从请求(可能使用一个 useBean 标签)中获取数据并将其显示。需要重写 executeCommand( )让其返回需要的测试数据。但 results.jsp 要求传过来的是一个 JavaBeans。所以要动态构建 JavaBeans，以便测试所需。

Apache Commons(http：// commons.apache.org/beanutils/)中的 BeanUtils 程序包括一个能暴露公有属性的 DynaBean 类，就像一个精通的 JavaBean。DynaBean 是一个规范

的JavaBean，不需要硬编码来获取和设置属性。在一个Java类中，可以使用类似映射存取器的方法来访问dyna - propertics 的属性。如：

```
DynaBean employee = dynaClass.newInstance();
String firstName = (String) employee.get("firstName");
employee.set("firstName", "Petar");
```

这样就可以得到来自数据库的任何数据。

创建一个createCommandResult()私有方法。这个方法可以创建任意的DynaBean对象，这些对象像那些将由executeCommand返回的对象一样。在testCallView中，可将dynabeans放置在JSP能找到的HTTP请求中。

```
@SuppressWarnings({ "rawtypes", "unchecked" })
private Collection createCommandResult() throws Exception {
    List results = new ArrayList();
    DynaProperty[] props = new DynaProperty[] {
            new DynaProperty("id", String.class),
            new DynaProperty("responsetime", Long.class) };
    BasicDynaClass dynaClass = new BasicDynaClass("requesttime", null,
            props);
    DynaBean request1 = dynaClass.newInstance();
    request1.set("id", "12345");
    request1.set("responsetime", new Long(500));
    results.add(request1);
    DynaBean request2 = dynaClass.newInstance();
    request2.set("id", "56789");
    request2.set("responsetime", new Long(430));
    results.add(request2);
    return results;
}
```

有了createCommandResult()方法来动态生成Javabean，就可以对callView()进行测试。测试代码如下：

```
public void testCallView() throws Exception {
    AdminServlet servlet = new AdminServlet();
    request.setAttribute("results", createCommandResult());
    servlet.callView(request, response);
}
//下面的代码使用HttpUnit集成来断言Http的响应 -- -- -- -- -- -//
public void endCallView(WebResponse response) throws Exception {
    assertTrue(response.isHTML());
    assertEquals("tables", 1, response.getTables().length);
```

```
        assertEquals("columns", 2, response.getTables()[0].getColumnCount());
        assertEquals("rows", 3, response.getTables()[0].getRowCount());
        assertEquals("id", response.getTables()[0].getCellAsText(0, 0));
        assertEquals("responsetime", response.getTables()[0].getCellAsText(0, 1));
        assertEquals("12345", response.getTables()[0].getCellAsText(1, 0));
        assertEquals("500", response.getTables()[0].getCellAsText(1, 1));
        assertEquals("56789", response.getTables()[0].getCellAsText(2, 0));
        assertEquals("430", response.getTables()[0].getCellAsText(2, 1));
    }
```

现在为 AdminServlet 的 doGet( )方法设计单元测试。首先，需要查证测试结果是被作为一个属性放置在 servlet 请求中。doGet( )的测试代码如下：

```
public void beginDoGet(WebRequest request) {
    request.addParameter("command", "SELECT...");
}
public void testDoGet() throws Exception {
    AdminServlet servlet = new AdminServlet() {
        public Collection<DynaBean> executeCommand(String command)
            throws Exception {
            return createCommandResult();
        }
    };
    servlet.doGet(request, response);
    Collection<DynaBean> results = (Collection<DynaBean>)
request.getAttribute("result");
    assertNotNull("Failed to get execution results from the " + "
request", results);
    assertEquals(2, results.size());
}
```

测试代码编写完成，下面讨论如何运行这个测试用例。

(1) 配置项目 web.xml，在项目 web.xml 中添加如下内容：

```
<servlet>
    <servlet-name>ServletTestRunner</servlet-name>
    <servlet-class>
    org.apache.cactus.server.runner.ServletTestRunner
    </servlet-class>
</servlet>
<servlet-mapping>
    <servlet-name>ServletTestRunner</servlet-name>
    <url-pattern>/ServletTestRunner</url-pattern>
</servlet-mapping>
```

（2）在部署项目，启动 Web 服务器。

（3）打开浏览器，输入：

http：//localhost：8080/cactusTest/ServletTestRunner？suite = servlet. TestAdminServlet

其中，“cactusTest”是项目名称，“ServletTestRunner”是 cactus 的测试运行器，在 web. xml 中配置。“？suite =”指定要执行的测试用例。测试结果如图 8 – 3 所示。

```
<?xml version="1.0" encoding="UTF-8"?>
- <testsuites>
  - <testsuite time="0.436" errors="0" failures="0" tests="4" name="servlet.TestAdminServlet">
      <testcase time="0.165" name="testGetCommandOk"/>
      <testcase time="0.008" name="testGetCommandNotDefined"/>
      <testcase time="0.226" name="testCallView"/>
      <testcase time="0.004" name="testDoGet"/>
    </testsuite>
  </testsuites>
```

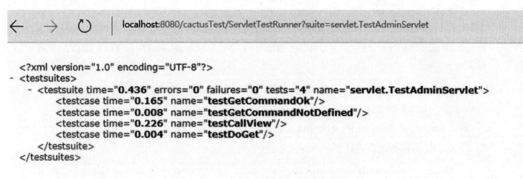

图 8 – 3　TestAdminServlet 的测试结果

Cactus 还提供了一个显示测试结果的样式文件 cactus – report. xsl。只需要将这个文件放在项目的 WebRoot 目录下，并在执行测试时，增加一个参数 xsl = cactus – report. xsl。具体做法是在浏览器里输入：http：// localhost：8080/cactusTest/ServletTestRunner？suite = servlet. TestAdminServlet&xsl = cactus – report. xsl

测试结果如图 8 – 4 所示。

Unit Test Results

Designed for use with Cactus

Summary

Tests	Failures	Errors	Success rate	Time
4	0	0	100.00%	0.330

Note: *failures* are anticipated and checked for with assertions while *errors* are unanticipated.

TestCase servlet.TestAdminServlet

Name	Status	Type	Time(s)
testGetCommandOk	Success		0.120
testGetCommandNotDefined	Success		0.005
testCallView	Success		0.164
testDoGet	Success		0.004

Back to top

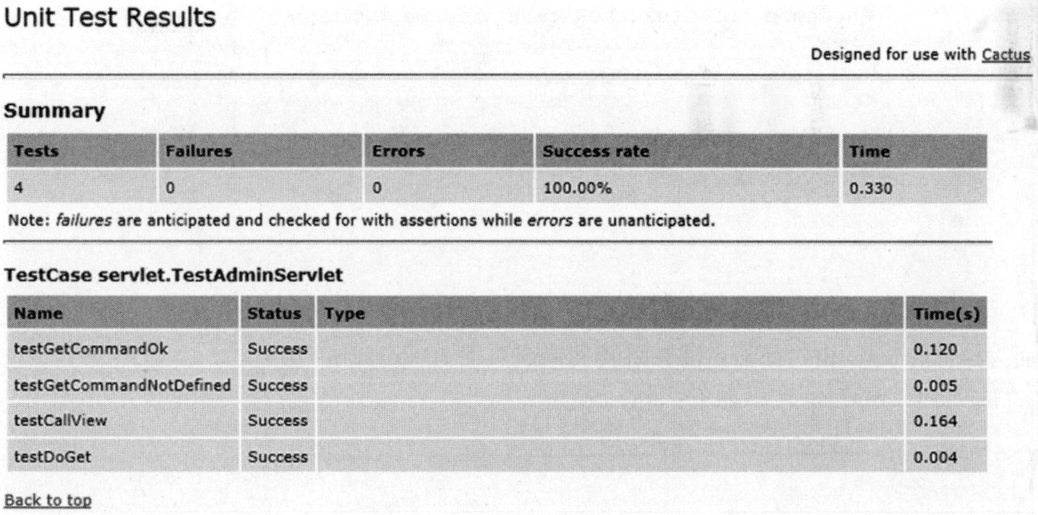

图 8 – 4　带有样式的测试结果

8. 2. 2　用 Cactus 对 filter 进行测试

Web 项目为了安全，在客户端发送请求时首先进行安全过滤，对安全过滤的要求是拦截所有的 Http 请求并且查证传入 SQL 语句不包含任何恶意指令。如果包含恶意指令将会转到一个错误网页。其代码如下：

```java
public class SecurityFilter implements Filter {
    //包含恶意指令将会转到一个错误网页
    private String securityErrorPage;
    // Filter 初始化方法
    public void init(FilterConfig theConfig) throws ServletException {
        this.securityErrorPage = theConfig.getInitParameter("securityErrorPage");
    }
    // Filter 的 doFilter 方法,检查是否为包含恶意的 sql 指令
    public void doFilter(ServletRequest theRequest,
            ServletResponse theResponse, FilterChain theChain)
            throws IOException, ServletException {
        String sqlCommand = theRequest.getParameter (AdminServlet.COMMAND_PARAM);
        if (!sqlCommand.startsWith("SELECT")) {
            //重定向到错误页面
            RequestDispatcher dispatcher = theRequest.getRequestDispatcher(this.securityErrorPage);
            dispatcher.forward(theRequest, theResponse);
        } else {
            theChain.doFilter(theRequest, theResponse);
        }
    }
    //Filter 的 destroy()方法
    public void destroy() {
    }
}
```

分析上面的代码，可知设计测试用例可分为两方面：一方面为正常的 sql，另一方面为异常的 sql，由过滤器过滤并跳转到错误页面 securityError.jsp。

securityError.jsp 代码如下：

```html
<html>
<head>
<title>Security Error Page</title>
</head>
<body>
<p>
```

```
      Only SELECT SQL queries are allowed!
    </p>
  </body>
</html>
```

用 Cactus 测试 filter 与测试 AdminServlet 相似，主要的差别在于 TestCase 继承的是 FilterTestCase 而不是 ServletTestCase。这种变化允许测试访问 Filter 的 API 对象（FilterConfig、Request、Response 和 FilterChain）。

```
public class TestSecurityFilter extends FilterTestCase {
//正常的 sql 的 begin 方法
public void beginDoFilterAllowedSQL(WebRequest request) {
    request.addParameter("command", "SELECT [...]");
}
//在服务器端执行的测试.
public void testDoFilterAllowedSQL() throws Exception {
    SecurityFilter filter = new SecurityFilter();
        FilterChain mockFilterChain = new FilterChain() {
            public void doFilter(ServletRequest theRequest,
                ServletResponse theResponse) throws IOException,
                ServletException {
        }
        public void init(FilterConfig theConfig) {
        }
        public void destroy() {
        }
    };
    filter.doFilter(request, response, mockFilterChain);
}
/**
    * 一个为异常 sql 的测试方法.此开始方法将在客户端上执行,并将尝试设置一个 UPDATE
[...]的命** 令参数,看看过滤器是否正确处理它
    */
    public void beginDoFilterForbiddenSQL(WebRequest request) {
        request.addParameter("command", "UPDATE [...]");
    }
//测试在一个禁止 SQL 的情况下处理服务器端能否正确过滤,并重定向到错误的页面
    public void testDoFilterForbiddenSQL() throws Exception {
        config.setInitParameter("securityErrorPage", "/securityError.jsp");
        SecurityFilter filter = new SecurityFilter();
        filter.init(config);
```

```
            filter.doFilter(request, response, filterChain);
    }
    //验证是否返回错误页面 securityError.jsp
    public void endDoFilterForbiddenSQL(WebResponse response) {
        assertTrue("Bad response page", response.getText().indexOf(
            "<title>Security Error Page</title>") > 0);
    }
}
```

在执行测试 TestSecurityFilter 之前,要在项目 web.xml 中添加如下内容:

```
  <filter>
<filter-name>FilterRedirector</filter-name>
<filter-class>org.apache.cactus.server.FilterTestRedirector</filter-class>
<init-param>
<param-name>securityErrorPage</param-name>
<param-value>/securityError.jsp</param-value>
  </init-param>
</filter>
<filter-mapping>
  <filter-name>FilterRedirector</filter-name>
  <url-pattern>/FilterRedirector</url-pattern>
</filter-mapping>
```

在浏览器里输入:http://localhost:8080/cactusTest/ServletTestRunner? suite = filter.TestSecurityFilter&xsl = cactus – report.xsl

测试结果如图 8-5 所示。

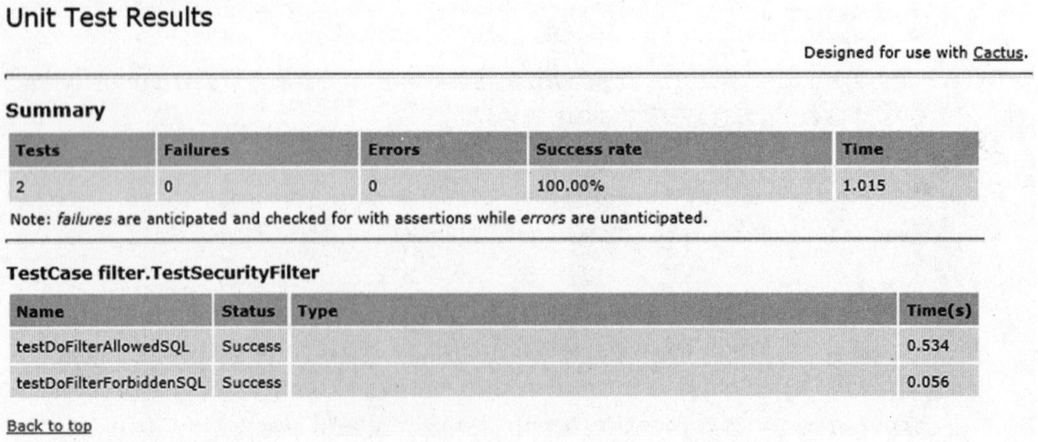

Unit Test Results

Designed for use with Cactus.

Summary

Tests	Failures	Errors	Success rate	Time
2	0	0	100.00%	1.015

Note: *failures* are anticipated and checked for with assertions while *errors* are unanticipated.

TestCase filter.TestSecurityFilter

Name	Status	Type	Time(s)
testDoFilterAllowedSQL	Success		0.534
testDoFilterForbiddenSQL	Success		0.056

Back to top

图 8-5 执行测试 TestSecurityFilter 的结果

8.2.3 用 Cactus 对 JSP 进行单元测试

JSP 单元测试并不是对编译 JSP 时所产生的 servlet 进行单元测试。可以将 JSP 从后端孤立出来,方法是通过模拟 JSP 使用 javabean,然后证实返回的页面包含了预期的数据。我们将使用 Cactus 来演示这个测试类。因为 Mock objects 只能处理 Java 代码,所以不能用纯 Mock objects 的方法单独对 JSP 进行单元测试。

可以用诸如 HttpUnit 这样的框架为 JSP 编写功能测试,然而,这样意味着必须同应用程序的后端保持完全一致,这有可能会是数据库。使用 Cactus 和 Mock Objects 相结合的方法,就可以不必调用后端,而把注意力集中在对 JSP 进行单元测试上。

可以对 JSP 中使用的自定义标记进行单元测试,这需要使用 Cactus 和 Mock 两种方法。两种方法各有优缺点,一起使用能产生很好的效果。

单独使用 Cactus 对 JSP 进行单元测试的结构如图 8-6 所示。

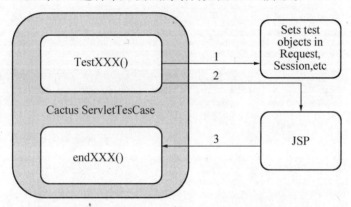

图 8-6 单独使用 Cactus 对 JSP 进行单元测试的结构

测试的方法如下:

(1)在 testXXX 函数(Cactus 从系统的内部调用)中创建在 JSP 中将要用到的 Mock Objects。JSP 通过容器中固有的对象(HttpServletRequest、HttpServletResponse 或 ServletConfig)或者从 taglib 中获得动态信息。

(2)在 testXXX 函数中,执行一个 forward 命令调用要测试的 JSP。JSP 执行后获得在(1)中生成的模拟数据。

(3)Cactus 调用 endXXX 函数,将 JSP 的输出信息传送给它,可以对输出的内容执行断言并验证设置的数据在 JSP 页面中正确的位置输出。

在上面测试 callView()时就是使用了这个方法。下面介绍另外一个测试方法 results.jsp(),首先看看 results.jsp 的代码结构:

```
<%@ page contentType = "text/html;charset = UTF - 8" language = "java"
isELIgnored = "true" % >
<%@ taglib prefix = "c" uri = "http://java.sun.com/jstl/core" % >
<%@ taglib prefix = "d" uri = "http://dynabeans" % >
```

```
<html>
  <head>
    <title>Results Page</title>
  </head>
  <body bgcolor = "white">
    <table border = "1">
      <d:properties var = "properties"
        item = "${requestScope.results[0]}"/>
      <tr>
        <c:forEach var = "property" items = "${properties}">
          <th><c:out value = "${property.name}"/></th>
        </c:forEach>
      </tr>

      <c:forEach var = "result" items = "${requestScope.results}">
        <tr>
          <c:forEach var = "property" items = "${properties}">
            <td><d:getProperty name = "${property.name}"
                                item = "${result}"/></td>
          </c:forEach>
        </tr>
      </c:forEach>
    </table>
  </body>
</html>
```

results.jsp 代码使用 JSTL 标记和自定义标记库编写 JSP。JSTL 标记库是一个通用的常用标记标准集。它可以分为几类（core、XML、formatting 和 sql）。这里使用的是 core 类，它提供输出、变量管理、条件逻辑、循环、文本导入和 URL 操作。使用两个自定义标记来提取 DynaBean 中的信息：

<d：properties> 用于从 DynaBean 中提取各个属性的名字；

<d：getProperty> 提取 DynaBean 中某属性的值。

直接测试这个 JSP 时要继承 JspTestCase，测试代码如下：

```
public class TestResult_jsp extends JspTestCase {
    public void testResult_jsp() throws Exception{
        request.setAttribute("results", createCommandResult());
        pageContext.forward("results.jsp");
    }
    public void endResult_jsp(WebResponse response) throws IOException,
Exception{
        assertTrue(response.isHTML());
```

```java
        assertEquals("tables", 1, response.getTables().length);
        assertEquals("columns", 2, response.getTables()[0].getColumnCount());
        assertEquals("rows", 3, response.getTables()[0].getRowCount());
        assertEquals("id", response.getTables()[0].getCellAsText(0, 0));
        assertEquals("responsetime", response.getTables()[0].getCellAsText(0, 1));
        assertEquals("12345", response.getTables()[0].getCellAsText(1, 0));
        assertEquals("500", response.getTables()[0].getCellAsText(1, 1));
        assertEquals("56789", response.getTables()[0].getCellAsText(2, 0));
        assertEquals("430", response.getTables()[0].getCellAsText(2, 1));

    }
    @SuppressWarnings({ "rawtypes", "unchecked" })
    private Collection createCommandResult() throws Exception {
        List results = new ArrayList();
        DynaProperty[] props = new DynaProperty[] {
            new DynaProperty("id", String.class),
            new DynaProperty("responsetime", Long.class) };
        BasicDynaClass dynaClass = new BasicDynaClass("requesttime", null, props);
        DynaBean request1 = dynaClass.newInstance();
        request1.set("id", "12345");
        request1.set("responsetime", new Long(500));
        results.add(request1);
        DynaBean request2 = dynaClass.newInstance();
        request2.set("id", "56789");
        request2.set("responsetime", new Long(430));
        results.add(request2);
        return results;
    }
}
```

在执行测试 TestResult_jsp 之前,要把 jspRedirector.jsp 放在项目的 WebRoot 目录下,并在项目 web.xml 中添加如下内容:

```
<servlet>
 <servlet-name>JspRedirector</servlet-name>
 <jsp-file>/jspRedirector.jsp</jsp-file>
</servlet>
 <servlet-mapping>
 <servlet-name>JspRedirector</servlet-name>
 <url-pattern>/JspRedirector</url-pattern>
</servlet-mapping>
```

测试结果如图 8-7 所示。

Unit Test Results

Designed for use with Cactus.

Summary

Tests	Failures	Errors	Success rate	Time
1	0	0	100.00%	0.455

Note: *failures* are anticipated and checked for with assertions while *errors* are unanticipated.

TestCase pages.TestResult_jsp

Name	Status	Type	Time(s)
testResult_jsp	Success		0.403

Back to top

图 8-7　result.jsp 的测试结果

8.2.4　用 Cactus 对 taglib 进行单元测试

使用 Cactus 对标记库的一个标记进行单元测试的过程如图 8-8 所示。

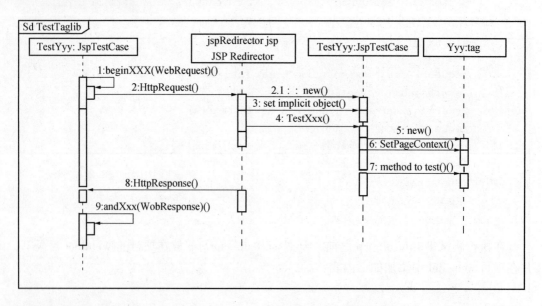

图 8-8　使用 Cactus 对标记库进行单元测试的过程

（1）Cactus 对象初始化测试类，该类必须派生自 JspTestCase 类，测试标记时所需要的任何 HTTP 参数，都需要在 beginXXX( ) 方法中进行配置。例如，如果某标记从 HTTP 参数提取信息，那么需要在 beginXXX( ) 方法中定义该参数。

（2）在内部，Cactus 的 JspTestCase 类调用 Cactus JSP Redirector(本身也是一个 JSP)。JSP Redirector 负责在服务器端初始化 JspTestCase 类，传送 JSP 隐式对象（主要是 PageContext 对象）给它。然后，再调用 testXXX( ) 方法。

(3) 在 testXXX() 方法中, 编写代码对 JSP 标记进行单元测试。测试一个标记的典型步骤为: 用 new 对象初始化该标记, 调用 setPageContext 来设置 PageContext, 调用测试方法进行测试, 然后执行服务端的断言。例如, 如果该标记在 HTTP 段中设置了一些对象, 你就可以断言在那里。

(4) Cactus JSP Redirector 将标记的输出通过 HTTP 响应返回到客户端。然后在 JspTestCase 类编写一个 endXXX() 方法来断言标记的输出。Cactus 提供了与 HttpUnit 的紧密集成, 它将允许返回的标记内容定义精确的断言。

1. 定义自定义标记

在 result.jsp 中, 使用的第一个标记类是 DynaPropertiesTag。这个标记从 DynaBean 对象中取出所用的属性放到一个数组里。这些属性都是 DynaProperty 的对象, 存放在 PageContext 中的一个连接到标记的目录下。下面是该标记的用法:

```
<d:properties var = " < span style = " color: = "" #8b0000 " = "" > properties "
item = " $ {dynaBean}"/ >
```

其中, properties 表示 DynaProperty 对象数组的变量名, dynaBean 是用来获取属性信息的 DynaBean 实例。

DynaPropertiesTag 代码如下:

```java
import org.apache.commons.beanutils.DynaBean;
import org.apache.taglibs.standard.lang.support.ExpressionEvaluatorManager;
import javax.servlet.jsp.tagext.TagSupport;
import javax.servlet.jsp.JspException;
@SuppressWarnings("serial")
public class DynaPropertiesTag extends TagSupport
{
    private String varName;
    private String item;
    public void setVar(String varName)
    {
        this.varName = varName;
    }
    public String getVar()
    {
        return this.varName;
    }
    public void setItem(String item)
    {
        this.item = item;
    }
    public String getItem()
```

```
        {
            return this.item;
        }
        public int doStartTag() throws JspException
        {
            // Evaluate the item attribute (an EL expression) which
            // must result in a DynaBean object.
            DynaBean bean =
                (DynaBean) ExpressionEvaluatorManager.evaluate(
                "item", getItem(), DynaBean.class, this,
                this.pageContext);
            // Get the DynaBean meta-properties and store them in the
            // variable pointed to by the "var" attribute.
            this.pageContext.setAttribute(getVar(),
                bean.getDynaClass().getDynaProperties());
            return SKIP_BODY;
        }
        public int doEndTag() throws JspException
        {
            return EVAL_PAGE;
        }
}
```

在 result.jsp 中，使用的第二个标记类是 DynaGetPropertyTag。这个标记从 DynaBean 对象中取出所用的属性名称及对应的值。

```
<d:getProperty name="${property.name}" item="${result}"/>
```

DynaGetPropertyTag 的代码如下：

```
import org.apache.commons.beanutils.DynaBean;
import org.apache.taglibs.standard.lang.support.ExpressionEvaluatorManager;
import javax.servlet.jsp.tagext.TagSupport;
import javax.servlet.jsp.JspException;
import java.io.IOException;

public class DynaGetPropertyTag extends TagSupport
{
    private static final long serialVersionUID = 1L;
    private String name;
    private String item;
    public void setName(String name)
    {
        this.name = name;
    }
    public String getName()
```

```java
{
    return this.name;
}
public void setItem(String item)
{
    this.item = item;
}
public String getItem()
{
    return this.item;
}
public int doStartTag() throws JspException
{
    // 调用 evaluate() 给 DynaBean 的对象中 item 属性设值
    DynaBean bean =
        (DynaBean) ExpressionEvaluatorManager.evaluate(
        "item", getItem(), DynaBean.class, this,
        this.pageContext);
    // 调用 evaluate() 方法给 String 对象中 name 属性设值
    String propertyName =
        (String) ExpressionEvaluatorManager.evaluate(
        "name", getName(), String.class, this,
        this.pageContext);
    // 输出 DynaBean 属性中 "name" 的值
    try
    {
        this.pageContext.getOut().print(bean.get(propertyName));
    }
    catch (IOException e)
    {
        throw new JspException("Failed to write output", e);
    }
    return SKIP_BODY;
}
public int doEndTag() throws JspException
{
    return EVAL_PAGE;
}
}
```

为了与 JSTL 库兼容，可以用 EL 语言来实现 item 属性的内容。

2. 测试自定义标记

对自定义标记进行单元测试需要证实这个标记是否正确地存储了 DynaBean 对象，在 PageContext 范围内传递属性。

测试 DynaPropertiesTag 的代码如下：

```java
import org.apache.cactus.JspTestCase;
import org.apache.commons.beanutils.DynaProperty;
import org.apache.commons.beanutils.BasicDynaClass;
import org.apache.commons.beanutils.DynaBean;
import javax.servlet.jsp.tagext.Tag;

public class TestDynaPropertiesTag extends JspTestCase {
    private DynaBean createDynaBean() throws Exception {
            DynaProperty[] props = new DynaProperty[] {
                new DynaProperty("id", String.class),
                new DynaProperty("responsetime", Long.class) };
        BasicDynaClass dynaClass = new BasicDynaClass("requesttime", null,
                props);
        DynaBean bean = dynaClass.newInstance();
        bean.set("id", "12345");
        bean.set("responsetime", new Long(500));
        return bean;
    }
    public void testDoStartTag() throws Exception {
        DynaPropertiesTag tag = new DynaPropertiesTag();//创建用于测试的标记
//实例
        tag.setPageContext(pageContext);
        pageContext.setAttribute("item", createDynaBean());// 设置页面上下
//文初始化标记
        tag.setItem("${item}");// 为标记设置环境参数
        tag.setVar("var");
        int result = tag.doStartTag();
        assertEquals(Tag.SKIP_BODY, result);// 执行后断言服务端的环境
        assertTrue(pageContext.getAttribute("var") instanceof DynaProperty
[]);
        DynaProperty[] props = (DynaProperty[]) pageContext.getAttribute
("var");
        assertEquals(props.length, 2);
    }
}
```

测试 DynaGetPropertyTag 的代码如下：

```java
import org.apache.cactus.JspTestCase;
import org.apache.cactus.WebResponse;
import org.apache.commons.beanutils.DynaBean;
import org.apache.commons.beanutils.DynaProperty;
import org.apache.commons.beanutils.BasicDynaClass;
import javax.servlet.jsp.tagext.Tag;

public class TestDynaGetPropertyTag extends JspTestCase
{
    private DynaBean createDynaBean() throws Exception
    {
            DynaProperty[] props = new DynaProperty[] {
            new DynaProperty("id", String.class),
            new DynaProperty("responsetime", Long.class)
        };
        BasicDynaClass dynaClass = new BasicDynaClass("requesttime",
            null, props);
        DynaBean bean = dynaClass.newInstance();
        bean.set("id", "12345");
        bean.set("responsetime", new Long(500));
        return bean;
    }
    public void testDoStartTag() throws Exception
    {
        DynaGetPropertyTag tag = new DynaGetPropertyTag();
        tag.setPageContext(pageContext);
        pageContext.setAttribute("item", createDynaBean());
        pageContext.setAttribute("name", "responsetime");
        tag.setItem("${item}");
        tag.setName("${name}");
        int result = tag.doStartTag();
        assertEquals(Tag.SKIP_BODY, result);
    }
    public void endDoStartTag(WebResponse response)
    {
        assertEquals("500", response.getText());
    }
}
```

把上面的测试用例做一个测试套件，如下：

```java
import junit.framework.Test;
import junit.framework.TestSuite;

public class TestAll {
    public static Test suite() {
        TestSuite suite = new TestSuite();
        suite.addTestSuite(TestDynaGetPropertyTag.class);
        suite.addTestSuite(TestDynaPropertiesTag.class);
            return suite;
    }
}
```

测试结果如图 8-9 所示。

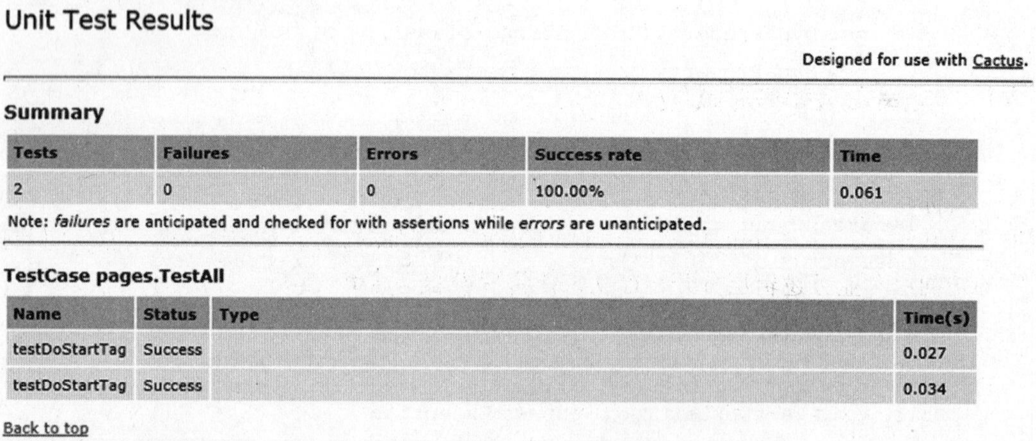

Unit Test Results

Designed for use with Cactus.

Summary

Tests	Failures	Errors	Success rate	Time
2	0	0	100.00%	0.061

Note: *failures* are anticipated and checked for with assertions while *errors* are unanticipated.

TestCase pages.TestAll

Name	Status	Type	Time(s)
testDoStartTag	Success		0.027
testDoStartTag	Success		0.034

Back to top

图 8-9 taglib 的测试结果

小 结

Cactus 是 JUnit 的一个扩展，但它又与 JUnit 有一些不同。Cactus 的测试分为三种：JspTestCase、ServletTestCase、FilterTestCase，而不像 JUnit 就一种 TestCase。Cactus 的测试代码有服务器端和客户端两部分，它们协同工作。Cactus 有三种类型的测试类：

（1）ServletTestCase 类：用 Cactus 编写的测试脚本测试 Servlet 组件时，测试脚本类必须继承于 ServletTestCase 类。

（2）JspTestCase 类：用 Cactus 编写的测试脚本测试 JSP 组件或嵌入在 JSP 组件中的标签时，测试脚本类必须继承于 JspTestCase 类。

（3）FilterTetCase 类：用 Cactus 编写的测试脚本测试 Filter 过滤器对象时，测试脚本类必须继承于 FilterTestCase 类。

用 Cactus 测试组件时，要用 extends 继承不同的类。另外要注意 beginXXX（）和 endXXX（）这两个方法，分别会在 testXXX（）执行前和执行后执行。

9 数据库访问测试

前面章节我们介绍了如何对 JSP 和 filter 进行单元测试，本章重点介绍如何对 JDBC 组件进行单元测试。可以编写各种不同类型的包含数据库访问的测试。
- 对业务逻辑的单元测试；
- 对数据库访问的单元测试；
- 数据库集成单元测试。

9.1 隔离数据库测试业务逻辑

目标是对不包含数据库访问代码的业务逻辑代码进行单元测试。尽管这种测试本质上不是数据库测试，但却是很好的独立测试那些难以测试的数据库代码的策略。将数据库的访问层和业务逻辑层分开，这项工作将变得非常简单。

AdminServlet 的定义如下：

```java
import java.util.Collection;
import javax.servlet.ServletException;
import javax.servlet.http.HttpServlet;
import javax.servlet.http.HttpServletRequest;
import javax.servlet.http.HttpServletResponse;
public class AdminServlet extends HttpServlet {
public void doGet (HttpServletRequest request, HttpServletResponse response)
throws ServletException {
}
public String getCommand(HttpServletRequest request) throws ServletException {
return null;
}
public void callView (HttpServletRequest request, HttpServletResponse response) {
}
public Collection executeCommand(String command) throws Exception {
return null;
}
}
```

9.1.1 实现数据库访问层的接口

通过数据访问的接口，需要重构类 AdminServlet 以使用该接口并实例化 DataAccessManager 的 JdbcDataAccessManager 的实现。

```java
import java.util.Collection;
import javax.naming.NamingException;
import javax.servlet.ServletException;
import javax.servlet.http.HttpServlet;
public class AdminServlet1 extends HttpServlet {
    private DataAccessManager dataManager;
    public void init() throws ServletException {
        super.init();
        try {
            setDataAccessManager(new JdbcDataAccessManager());
        } catch (NamingException e) {
            throw new ServletException(e);
        }
    }
    public Collection executeCommand(String command) throws Exception {
        return this.dataManager.execute(command);
    }
}
```

现在为 AdminServlet 类的方法写单元测试就很简单了。所要做的就是建立一个 DataAccessManager 的 Mock Object 实现。唯一需要技巧的地方就是决定如何将 Mock 实例传给 AdminServlet 类以使 AdminServlet 类使用 Mock 实现，而不是真实的 JdbcDataAccessManager 的实现。

9.1.2 模拟数据库接口

可以采用多种策略将一个 DataAccessManager 的 Mock 传给 AdminServlet：
- 创建一个参数形式接受 DataAccessManager 接口的构造函数；
- 创建一个 setter 方法(setDataAccessManager(DataAccessManager manager))；
- 派生 AdminServlet 类，重载 executeCommand()；
- 在 web.xml 文件中定义一个作为 AdminServlet 初始化参数的类名，使数据访问管理器实现成为应用程序的参数。

对于上面的方法，最好的方法就是使用 setter 方法。因此，再次将 AdminServlet 重构如下：

```java
public class AdminServlet2 extends HttpServlet { // [...]
    private DataAccessManager dataManager;
    public DataAccessManager getDataAccessManager() {
        return this.dataManager; }
    public void setDataAccessManager(DataAccessManager manager) {
        this.dataManager = manager;
    }
    public void init() throws ServletException {
        super.init();
        try {
    setDataAccessManager(new JdbcDataAccessManager());
        } catch (NamingException e) {
            throw new ServletException(e);
        }
    }
public Collection executeCommand(String command) throws Exception {
    return this.dataManager.execute(command);
    }
}
public class TestAdminServletDynaMock extends TestCase {
    public void testSomething() throws Exception {
    Mock mockManager = new Mock(DataAccessManager.class);
    DataAccessManager manager = (DataAccessManager) mockManager.proxy();
    mockManager.expectAndReturn("execute", C.ANY_ARGS, new ArrayList());
    AdminServlet1 servlet = new AdminServlet1();
    servlet.setDataAccessManager(manager);
    // Call the method to test here. For example:
    // manager.doGet(request, response)
    // [...]
    }
}
```

首先用 DynaMock API 创建一个 DataAccessManager Mock Object，接下来当调用 execute 方法时让该 Mock 返回一个空的 ArrayList。接着用 setDataAccessManager 方法建立一个 Mock 管理器。

9.1.3 隔离开数据库测试持久性代码

前面将业务层和数据访问层进行隔离测试，接下来，就将对数据访问层进行测试。

下面 execute 方法很简单。这种简单源于 BeanUtils 包的使用。BeanUtils 提供了 RowSetDynaClass 类，它封装了 ResultSet 并将数据库各列映射到 bean 属性中，然后就可以将各列作为属性用 DynaBean API 来访问。

RowSetDynaClass 类自动将 ResultSet 各列拷贝到 DynaBean 的属性中，这使得可以在初始化 RowSetDynaClass 对象结束就关闭与数据库的链接。

```java
public class JdbcDataAccessManager implements DataAccessManager {
    private DataSource dataSource;
    public JdbcDataAccessManager() throws NamingException {
    this.dataSource=getDataSource();}
    protected DataSource getDataSource() throws NamingException {
        InitialContext context = new InitialContext();
        DataSource dataSource = (DataSource) context.lookup("java:/DefaultDS");
        return dataSource;}
        protected Connection getConnection() throws SQLException {
        return this.dataSource.getConnection();}
        public Collection execute(String sql) throws Exception {
        Connection connection = getConnection();
        //为了简单起见,我们假设 SQL 是一个 SELECT 查询
        ResultSet resultSet = connection.createStatement().executeQuery(sql);
        RowSetDynaClass rsdc = new RowSetDynaClass(resultSet);
        resultSet.close();
        connection.close();
        return rsdc.getRows();}
}
```

为 execute 方法写单元测试，就是对所有的 JDBC 的调用提供 Mock。

首先，将一个 MockConnection 对象传递给 JdbcDataAccessManager 类，在这里创建一个封装类，可以将 getConnection()方法定义为保护成员。接着创建一个派生自 JdbcDataAccessManager 的新类 TestableJdbcDataAccessManager，并添加 setter 方法，这样就绕过了 DataSource 而获得连接。

```java
public class TestableJdbcDataAccessManager extends JdbcDataAccessManager {
    private Connection connection;
    public TestableJdbcDataAccessManager() throws NamingException {
        super();
    }
    public void setConnection(Connection connection) {
        this.connection=connection;
    }
    protected Connection getConnection() throws SQLException {
        return this.connection;
    }
    protected DataSource getDataSource() throws NamingException {
        return null;
    }
}
```

现在有了自己的方式来编写 execute 方法，可为它编写第一个测试程序。对于任何使用 Mock 的测试而言，困难的地方在于找到那些需要模拟的方法。换言之，为了提供模拟的响应必须准确地理解 API 的哪些方法将被调用。通常可以尝试犯些错误，接着测试运行，一步步重构。

```
public class TestJdbcDataAccessManagerMO1 extends TestCase {
private MockStatement statement;
private MockConnection2 connection;
private TestableJdbcDataAccessManager manager;
protected void setUp() throws Exception {
statement = new MockStatement();
connection = new MockConnection2();  //创建 Statement 和 Connection Mock objects
connection.setupStatement(statement);  //让 Connection Mock 返回 Mock Statement 对象
    //实例化该封装类,并调用 setConnection()方法来传递 MockConnection 对象
    manager = new TestableJdbcDataAccessManager();
    manager.setConnection(connection);}
    public void testExecuteOk() throws Exception {
    String sql = "SELECT *  FROM CUSTOMER";
    Collection result = manager.execute(sql); //调用方法进行单元测试
    Iterator beans = result.iterator();
    assertTrue(beans.hasNext()); //通过返回的 Collection 来判断结果
    DynaBean bean1 = (DynaBean) beans.next();
    assertEquals("John", bean1.get("firstname"));
    assertEquals("Doe", bean1.get("lastname"));
    assertTrue(!beans.hasNext());
    }
    }
```

这个程序并没有结束，仔细观察会发现一个错误——还没有指明 executeQuery 方法被调用时 MockStatement 应该返回些什么。

```
public class TestJdbcDataAccessManagerMO2 extends TestCase {
private MockSingleRowResultSet resultSet;
private MockStatement statement;
private MockConnection2 connection;
private TestableJdbcDataAccessManager manager;
protected void setUp() throws Exception {
    resultSet = new MockSingleRowResultSet();
    statement = new MockStatement();
    connection = new MockConnection2();
    connection.setupStatement(statement);
    manager = new TestableJdbcDataAccessManager();
    manager.setConnection(connection);}
```

```java
public void testExecuteOk() throws Exception {
    String sql = "SELECT *  FROM CUSTOMER";
    statement.addExpectedExecuteQuery(sql, resultSet);
    String[] columnsLowercase = new String[] { "firstname", "lastname" };
    resultSet.addExpectedNamedValues (columnsLowercase, new Object[] { "John", "Doe" });
    Collection result = manager.execute(sql);
    Iterator beans = result.iterator();
    assertTrue(beans.hasNext());
    DynaBean bean1 = (DynaBean) beans.next();
    assertEquals("John", bean1.get("firstname"));
    assertEquals("Doe", bean1.get("lastname"));
    assertTrue(!beans.hasNext());}
}
```

这里使用了 MockSingleRowResultSet 来实现。MockObjects.com 提供了两种实现方法，MockSingleRowResultSet 和 MockMultiRowResultSet。顾名思义，第一种是用来模拟只有一行的 ResultSet，而第二种方法模拟具有多行的情况。但该测试同样失败了。重构后的进一步测试还是发生了错误，进一步研究发现，在类 RowSetDynaClass 实例化时调用了 introspect。

这样的错误说明使用 Mock 有一个潜在的问题：需要对调用 Mock 的类的实现有较深的了解。正如前面所展示的，可以通过调试发现对 Mock 的间接调用。

还有另外的两种解决方法：获得访问源码的权限，或在不同的层次上进行模拟。获取源码通常不可行，而且会浪费大量的时间。采用最多的方法是在不同的层次进行模拟。这里需要测试的是 execute 方法而不是 RowSetDynaClass 类。一个办法就是创建一个 Mock RowSetDynaClass 并将它以某种方法传递给 execute 方法。

在这个例子中，建立额外两个方法（getMetaData 和 getColumnCount）更容易些。但当要给定的测试 fixture 变得长而复杂时，常采用的方法是在不同层次上进行。若使用 Mock 时，待测之前需要设置的步数太多，则应当考虑重构。

改正了 TestaCse 使得它支持对 getMetaData 和 getColumnCount 的调用。

```java
public class TestJdbcDataAccessManagerMO3 extends TestCase {
    private MockSingleRowResultSet resultSet;
    private MockStatement statement;
    private MockConnection2 connection;
    private TestableJdbcDataAccessManager manager;
    private MockResultSetMetaData resultSetMetaData;
    protected void setUp() throws Exception {
        resultSetMetaData = new MockResultSetMetaData();
        resultSet = new MockSingleRowResultSet();
        resultSet.setupMetaData(resultSetMetaData);
```

```java
        statement = new MockStatement();
        connection = new MockConnection2();
        connection.setupStatement(statement);
        manager = new TestableJdbcDataAccessManager();
        manager.setConnection(connection);
    }

    public void testExecuteOk() throws Exception {
        String sql = "SELECT * FROM CUSTOMER";
        statement.addExpectedExecuteQuery(sql, resultSet);
        String[] columnsLowercase = new String[] { "firstname", "lastname" };
        String[] columnsUppercase = new String[] { "FIRSTNAME", "LASTNAME" };
        String[] columnClasseNames = new String[] { String.class.getName(),
                String.class.getName() };
        resultSetMetaData.setupAddColumnNames(columnsUppercase);
        resultSetMetaData.setupAddColumnClassNames(columnClasseNames);
        resultSetMetaData.setupGetColumnCount(2);
        resultSet.addExpectedNamedValues(columnsLowercase, new Object[] {"John", "Doe" });
        Collection result = manager.execute(sql);
        Iterator beans = result.iterator();
        assertTrue(beans.hasNext());
        DynaBean bean1 = (DynaBean) beans.next();
        assertEquals("John", bean1.get("firstname"));
        assertEquals("Doe", bean1.get("lastname"));
        assertTrue(!beans.hasNext());
    }
}
```

经过上面的改动以后，还需要验证测试部分断言：
（1）验证数据库被正确的关闭。
（2）查询串是否是测试中传递的那个。
（3）PreparedStatement 仅创建一次。
对此，我们使用预期的结果（调用各自的 verify()）

```java
public class TestJdbcDataAccessManagerMO4 extends TestCase {
    private MockSingleRowResultSet resultSet;
    private MockResultSetMetaData resultSetMetaData;
    private MockStatement statement;
    private MockConnection2 connection;
    private TestableJdbcDataAccessManager manager;
```

```java
    protected void setUp() throws Exception {
        resultSetMetaData = new MockResultSetMetaData();
        resultSet = new MockSingleRowResultSet();
        resultSet.setupMetaData(resultSetMetaData);
        statement = new MockStatement();
        connection = new MockConnection2();
        connection.setupStatement(statement);
        manager = new TestableJdbcDataAccessManager();
        manager.setConnection(connection);
    }
    protected void tearDown() { // 验证设置了预期
        connection.verify();
        statement.verify();
        resultSet.verify();
    }
public void testExecuteOk() throws Exception {
        String sql = "SELECT * FROM CUSTOMER";
        statement.addExpectedExecuteQuery(sql, resultSet);// 验证被执行的
//SQL 就是要传递的
    String[] columnsUppercase = new String[] { "FIRSTNAME", "LASTNAME" };
    String[] columnsLowercase = new String[] { "firstname", "lastname" };
        String[] columnClasseNames = new String[] { String.class.getName(),
            String.class.getName() };
    resultSetMetaData.setupAddColumnNames(columnsUppercase);
resultSetMetaData.setupAddColumnClassNames(columnClasseNames);
        resultSetMetaData.setupGetColumnCount(2);
    resultSet.addExpectedNamedValues ( columnsLowercase, new Object []
{"John", "Doe" });
    connection.setExpectedCreateStatementCalls(1);// 验证仅创建了一个 Statement
    connection.setExpectedCloseCalls(1);// 验证 close 方法被调用了一次
        Collection result = manager.execute(sql);
        Iterator beans = result.iterator();
        assertTrue(beans.hasNext());
        DynaBean bean1 = (DynaBean) beans.next();
        assertEquals("John", bean1.get("firstname"));
        assertEquals("Doe", bean1.get("lastname"));
        assertTrue(!beans.hasNext());
    }
}
```

在测试的过程中，时常会产生如下的清单：

(1) getConnection 方法可能会失败并产生一个 SQLException 的异常。
(2) Statement 的创建可能会失败。
(3) 查询的执行可能失败。

这些错误有时很隐蔽,除了 Bug 报告,只能凭借经验。例如在测试数据库时,一个比较典型的错误就是出现异常时没有关闭数据库的连接。

```java
public void testExecuteCloseConnectionOnException() throws Exception {
    String sql = "SELECT * FROM CUSTOMER";
    statement.setupThrowExceptionOnExecute(new SQLException("sql error"));
    connection.setExpectedCloseCalls(1);
    try {
        manager.execute(sql);
        fail("Should have thrown a SQLException");
    } catch (SQLException expected) {
        assertEquals("sql error", expected.getMessage());
    }
}
```

为了配合工作和维护代码的严密性,我们需要在 JdbcDataManager.java 中使用 try/finally 语句。

```java
public class JdbcDataAccessManager2 implements DataAccessManager {
    private DataSource dataSource;
    public JdbcDataAccessManager2() throws NamingException {
        this.dataSource = getDataSource();
    }
    protected DataSource getDataSource() throws NamingException {
        InitialContext context = new InitialContext();
        DataSource dataSource = (DataSource) context.lookup("java:comp/env/jdbc/DefaultDS");
        return dataSource;
    }
    protected Connection getConnection() throws SQLException {
        return this.dataSource.getConnection();
    }
    public Collection execute(String sql) throws Exception {
        ResultSet resultSet = null;
        Connection connection = null;
        Collection result = null;
        try {
            connection = getConnection();
```

```
            // 为了简单起见,我们假设 SQL 是一个 SELECT 查询
            resultSet = connection.createStatement().executeQuery(sql);
            RowSetDynaClass rsdc = new RowSetDynaClass(resultSet);
            result = rsdc.getRows();
        } finally {
            if (resultSet != null) {
                resultSet.close();
            }
            if (connection != null) {
                connection.close();
            }
        }
        return result;
    }
}
```

这就是隔离开数据库测试持久性代码的过程。

9.2 HSQLDB 数据库

HSQLDB 是一个开放源代码的 Java 数据库,其具有标准的 SQL 语法和 Java 接口,可以自由使用和分发,非常简洁和快速。

9.2.1 HSQLDB 数据库介绍

HSQLDB 具有 Server 模式、进程内模式(in-process)和内存模式(memory-only)三种。运行 HSQLDB 需要 hsqldb.jar 包,它包含了一些组件和程序。每个程序需要不同的命令来运行。它位于项目的 lib 目录下,目前的版本是 2.3.4。官方的下载地址是:https://sourceforge.net/projects/hsqldb/files/latest/download?source=files。

在介绍这些模式之前需要了解 HSQLDB 所涉及的一些文件。每个 HSQLDB 数据库包含了 2~5 个命名相同但扩展名不同的文件,这些文件位于同一个目录下。例如,名为"test"的数据库包含了以下几个文件:

- test.properties
- test.script
- test.log
- test.data
- test.backup

properties 文件描述了数据库的基本配置;script 文件记录了表和其他数据库对象的

定义；log 文件记录了数据库最近所做的更新；data 文件包含了 cached(缓冲)表的数据；而 backup 文件是将 data 文件压缩备份，它包含了 data 文件上次的最终状态数据。所有这些文件都是必不可少的，不可擅自删除。但如果数据库没有缓冲表(cached table)，test.data 和 test.backup 文件不会存在。

接下来简单阐述 HSQLDB 的三种模式，以及部分工具的启动方式。

1. Server 模式

Server 模式提供了最大的可访问性。应用程序(客户端)通过 HSQLDB 的 JDBC 驱动连接服务器。在服务器模式中，服务器在运行时可以被指定为最多 10 个数据库。根据客户端和服务器之间通信协议的不同，Server 模式可以分为以下三种。

1) Hsqldb Serve

这种模式是首选的也是最快的。它采用 HSQLDB 专有的通信协议。启动服务器需要编写批处理命令。HSQLDB 提供的所有工具都能以 java class 归档文件(也就是 jar)的标准方式运行。假如 hsqldb.jar 位于相对于当前路径的 ../lib 下面。命令如下：

java –cp ../lib/hsqldb.jar org.hsqldb.Server –database.0 mydb –dbname.0 demoDB

读者可能会疑惑，"–database.0""dbname.0"为什么在后面加"0"？在前面讲述服务模式运行时可以指定 10 个数据库，如有多个数据库，则继续写命令行参数 –database.1 aa –dbname.1 aa –database.2 bb –dbname.2 bb ……

新建文本文件保存上面命令，文件名随意设定，将后缀名改成 .bat，然后直接执行批处理文件即可。在以后介绍的执行启动工具的命令采用同样方法。

上面启动服务器的命令启动了带有 1 个(默认为 1 个)数据库的服务器，这个数据库是一个名为"mydb.*"文件，这些文件就是 mydb.Properties、mydb.script、mydb.log 等文件。其中 demoDB 是 mydb 的别名，可在连接数据库时使用。

2) Hsqldb Web Server

这种模式只能用在通过 HTTP 协议访问数据库服务器主机，采用这种模式唯一的原因是客户端或服务器端的防火墙对数据库、网络连接强加了限制。其他情况下，这种模式不推荐被使用。运行 Web 服务器时，只要将命令行中的主类(main class)替换成：org.hsqldb.WebServer。

3) Hsqldb Servlet

这种模式和 Web Server 一样都采用 HTTP 协议，当如 Tomcat 或 Resin 等 Servlet 引擎(或应用服务器)提供数据库的访问时，可以使用这种模式。但是 Servlet 模式不能脱离 Servlet 引擎独立启动。为了提供数据库的连接，必须将 HSQLDB.jar 中的 hsqlServlet 类放置在应用服务器的相应位置。

Web Server 和 Servlet 模式都只能在客户端通过 JDBC 驱动来访问。Servlet 模式只能启动一个单独的数据库。请注意作为应用程序服务器的数据库引擎通常不使用这种模式。

连接到以 Server 模式运行的数据库。当 HSQLDB 服务器运行时，客户端程序就可以通过 hsqldb.jar 中带有的 HSQLDB JDBC Driver 连接数据库。

```
try{
    Class.forName("org.hsqldb.jdbcDriver");
}catch(ClassNotFoundException e){
    e.printStackTrace();
}
Connection c = DriverManager.getConnection ( " jdbc: hsqldb: hsql: //
localhost/xdb", "sa", "");
```

HSQLDB 的默认用户是 sa，密码为空。修改默认密码的方法将在工具使用部分进行介绍。

2. In – Process 模式

In – Process 模式又称 Standalone 模式。这种模式下，数据库引擎作为应用程序的一部分在同一个 JVM 中运行。对于一些应用程序而言，这种模式因为数据不用转换和通过网络的传送而使得速度更快一些。其主要的缺点就是默认的不能从应用程序外连接到数据库。所以当应用程序正在运行时，不能使用类似于 Database Manager 的外部工具来查看数据库的内容。可以从同一个 JVM 的线程里面来运行服务器实例，从而可以提供外部连接来访问 In – Process 数据库。

推荐使用 In – Process 模式的方式是：开发时为数据库使用一个 HSQLDB 服务器实例，然后在部属时转换到 In – Process 内模式。

In – Process 模式数据库从 JDBC 语句开始启动，在连接 URL 中带有指定的数据库文件路径作为 JDBC 的一部分。例如，假如数据库名称为 testdb，它的数据库文件位于与确定的运行应用程序命令相同的目录下，下面的代码可以用来连接数据库：

```
Connection c = DriverManager.getConnection("jdbc:hsqldb:file:testdb ", "sa", "");
```

数据库文件的路径格式在 Linux 主机和 Windows 主机上都被指定采用前斜线（"/"）。所以相对路径或相对于相同分区下相同目录路径的表达方式是一致的。使用相对路径时，这些路径表示的是相对于用于启动 JVM 的 shell 命令的执行路径。

3. Memory – Only 数据库

Memory – Only 数据库不是持久化的而是全部在随机访问的内存中。因为没有任何信息写在磁盘上。这种模式通过"mem:"协议的方式来指定：

```
Connection c = DriverManager.getConnection("jdbc:hsqldb:mem:dbName", "sa", "");
```

也可以在 server.properties 中指定相同的 URL 运行一个 Memory – Only（仅处于内存中）服务器实例。

注意：当一个服务器实例启动或建立一个 In – Process 数据库连接时，如果指定的路径没有数据库存在，那么就会创建一个新的空数据库。这个特点的副作用是让新用户产生疑惑。在指定连接已存在的数据库路径时，如果出现了什么错误，就会建立一个指向新数据库的连接。为了解决这个问题，可以指定一个连接属性 ifexists = true，只允许和已存在的数据库建立连接而避免创建新的数据库。如果数据库不存在，getConnection( ) 方法将会抛出异常。

4. 工具的使用

HSQLDB 提供的主要的工具类：
- org. hsqldb. util. DatabaseManager
- org. hsqldb. util. DatabaseManagerSwing
- org. hsqldb. util. Transfer
- org. hsqldb. util. QueryTool
- org. hsqldb. util. SqlTool

其中 DatabaseManage 和 Sql Tool，只能用命令行参数来运行。可以在命令行后面加上参数"-?"以查看这些工具可用的参数列表。其他工具可以通过 DatabaseManager 的主界面启动，便于交互式操作。

为了便于操作，同样把这些工具启动的命令做成批处理文件。方法和前面所介绍的创建启动服务模式命令的方法一样。注意 hsqldb. jar 的位置，因为所有启动命令都是参照 hsqldb. jar 的位置编写的。如果觉得麻烦也可以采用绝对路径编写命令。

下面运行 AWT 版本的 DatabaseManager 工具，hsqldb. jar 位于相对于当前路径的 ../lib 下面，命令如下：

```
Java -cp ../lib/hsqldb.jar org.hsqldb.util.DatabaseManager
```

将命令保存为后缀名为 .bat 的批处理文件，即 DatabaseManager. bat，也可根据个人习惯命名。执行 DatabaseManager. bat 将看到如图 9-1 所示。

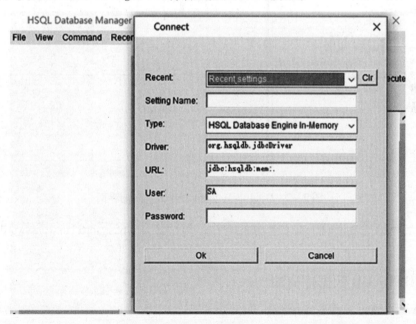

图 9-1 DatabaseManager 的界面

现在简单介绍这个简洁的登录界面：
- Recent：选择最近的登录方案(可选)。

• Setting Name：本次登录方案名称，如果本次登录成功，那么等到下次登录时在 Recent 下拉列表中将看到成功登录方案(可选)。

• Type：登录模式，其中包括 In – Memory 模式、Standalone(In – Process)模式、Server 模式、WebServer 模式(必选)。

• Driver：连接数据库的驱动程序(必选)。

• URL：连接数据库的 URL(必选)。

• User：用户名(必选)。

• Password：密码(除非密码为空)。

如果 Type 项选择 Server 模式或 WebServer 模式需要事先启动与之对应的服务模式。而 Standalone 模式默认不支持 DatabaseManager 连接，具体原因已在前面解释过。至于 In – Memory 可以随意登录，所有的操作数据都不会记录在本地磁盘。而 Type 还有很多其他选项，具体的用法可以参考官方文档，位置在 hsqldb 目录 \ doc \ guide \ guide.pdf。

运行 DatabaseManagerSwing 也很简单，只需要把启动 DatabaseManager 命令修改成：

```
Java -cp ../lib/hsqldb.jar org.hsqldb.util.DatabaseManagerSwing
```

两种工具的操作方法类似，这里不再赘述。当用 SA 通过 DatabaseManager 登录成功后会出现如图 9 – 2 所示界面。

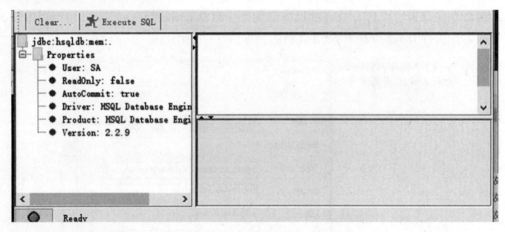

图 9 – 2　DatabaseManager 登录成功后的界面

登录后可以修改密码，在右上方的空白区域输入 set password "newpassword" 点击执行即可。

9.2.2　HSQLDB 数据库应用

1. 编写启动服务器批处理命令

(1)在 HSQLDB_2_3_4.ZIP 解压的文件夹 HSQLDB 中创建 MYHSQLDB 文件夹(文件名自定义)，再在 MYHSQLDB 文件夹创建一个 RUNMYHSQLDB.BAT 文件，名称自定义，将 java-cp ../lib/hsqldb.jar org.hsqldb.Server-database.0 mydb-dbname.0 myhsqldb 写入文件中保存。(注意：需要将 HSQLDB.JAR 导入到项目的 LIB 下。)

- LIB：对应项目下面的 LIB。
- ORG. HSQLDB. SERVER：驱动类。
- DATABASE. 0、DBNAME. 0：因为服务模式运行时可以指定 10 个数据库，如有多个数据库，则继续写命令行参数 DATABASE. 1、DBNAME. 1 等。
- MYDB：启动服务器的命令（即 BAT 文件），启动了带有一个（默认为一个数据库）数据库的服务器，这个数据库是一个名为"MYDB. *"文件，这些文件就是 MYDB. PROPERTIES、MYDB. SCRIPT、MYDB. LOG 等文件。
- MYHSQLDB：是 MYDB 的别名，可在连接数据库时使用。

（2）执行 RUNMYHSQLDB. BAT 文件，将生成 MYDB. PROPERTIES 和 MYDB. LOG 文件。

（3）在 MYHSQLDB 文件夹中创建一个 UIMYHSQLDB. BAT 文件，名称自定义，将 java-cp .. \ lib \ hsqldb. jar org. hsqldb. util. DatabaseManager-url jdbc：hsqldb：hsql：// 127. 0. 0. 1：9001/myhsqldb 写入文件中并保存。

- ORG. HSQLDB. UTIL. DATABASEMANAGER：数据库管理类。
- JDBC：HSQLDB：HSQL：// 127. 0. 0. 1：9001/MYHSQLDB：连接数据库驱动的 URL。

（4）执行 UIMYHSQLDB. BAT 文件，将弹出如图 9 - 3 所示窗体。

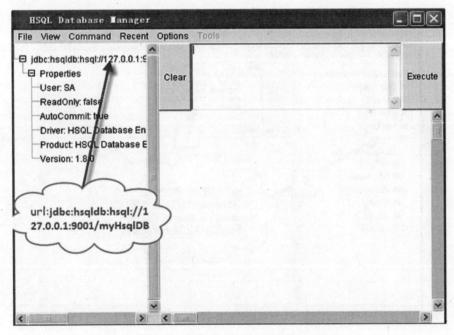

图 9 - 3　HSQL DataBase Manager 的窗体

2. 初始化 CUSTOMER、INVOICE、PRODUCT 三张表

初始化 CUSTOMER、INVOICE、PRODUCT 三张表，如图 9 - 4 所示。

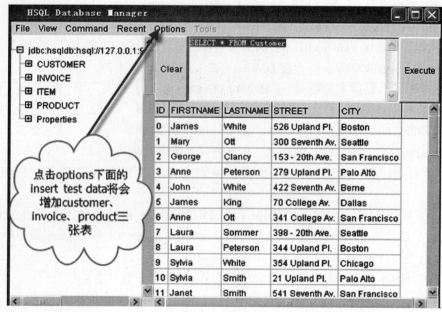

图 9-4 初始化 CUSTOMER、INVOICE、PRODUCT 三张表

3. 创建 USER 表

给 MYHSQLDB 创建 USER 表，如图 9-5 所示。

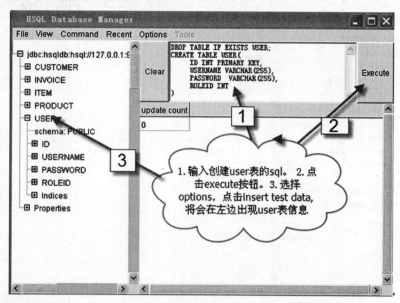

如图 9-5 创建 USER 表

4. 添加连接数据库的类

在项目中添加连接数据库驱动类 JdbcDao 类和 TestHsqlDB 测试类，如图 9-6 所示。

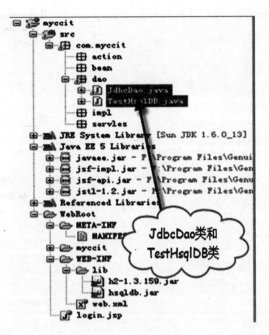

图 9-6 添加驱动类 JdbcDao 类和 TestHsqlDB 测试类

JdbcDao 类有 2 个方法：getConn( ) 和 closeAll(Connection conn，PreparedStatement pstmt，ResultSet rs)。

1) getConn( ) 方法

```
public class JdbcDao {
    private Connection conn = null;
    private PreparedStatement pstmt = null;
    private ResultSet rs = null;

    public final static String DRIVER = "org.hsqldb.jdbcDriver";// 数据库驱动类
        // server 模式连接数据库驱动
    public final static String URL = "jdbc:hsqldb:hsql://127.0.01:9001/myHsqlDB";
    public final static String DBUser = "sa";// 登录名

    public Connection getConn() {
        try {
            Class.forName(DRIVER);
            conn = DriverManager.getConnection(URL, DBUser, "");
        } catch (Exception e) {
            e.printStackTrace();
        }
        return conn;
    }
}
```

2）closeAll（Connection conn，PreparedStatement pstmt，ResultSet rs）方法

```java
public void closeAll(Connection conn, PreparedStatement pstmt, ResultSet rs) {
    if (rs != null) {
        try {
            rs.close();
        } catch (Exception e) {
            e.printStackTrace();
        }
    }
    if (pstmt != null) {
        try {
            pstmt.close();
        } catch (Exception e) {
            e.printStackTrace();
        }
    }
    if (conn != null) {
        try {
            conn.close();
        } catch (Exception e) {
            e.printStackTrace();
        }
    }
}
```

TestHsqlDB 测试类，为 user 添加一条记录。

```java
public class TestHsqlDB {
    private static Connection conn = null;
    private static PreparedStatement pstmt = null;
    private static ResultSet rs = null;

    public static void main(String[] args) {
        JdbcDao jd = new JdbcDao();
        try {
            conn = jd.getConn();
            String sql = "insert into user values(?,?,?,?)";
            pstmt = conn.prepareStatement(sql);
```

```
            pstmt.setInt(1, 1);
            pstmt.setString(2, "wumingtuo");
            pstmt.setString(3, "123456");
            pstmt.setInt(4, 1);

            int row = pstmt.executeUpdate();
            System.out.println(row);
        } catch (Exception e) {
            e.printStackTrace();
        }
    }
}
```

5. 运行 TestHsqlDB 测试类

运行 TestHsqlDB 测试类，查看控制台输出，添加用户成功如图 9-7 所示。

图 9-7 代码运行结果

输入查询 SQL 语句，查询 user 信息（创建用户 wumingtuo 成功），如图 9-8 所示。

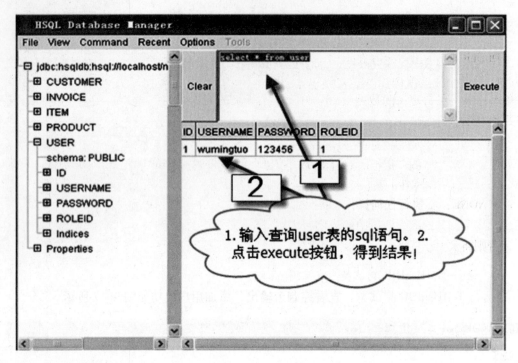

图 9-8 查询结果

9.3 DbUnit

为依赖于其他外部系统(如数据库或其他接口)的代码编写单元测试是一件很困难的工作。在这种情况下,有效的单元必须隔离测试对象和外部依赖,以便管理测试对象的状态和行为。

使用 Mock object 对象,是隔离外部依赖的一个有效方法。如果测试对象是依赖于 DAO 的代码,则使用 Mock object 技术很方便。但如果测试对象变成了 DAO 本身,又如何进行单元测试呢?

开源的 DbUnit 项目,为以上的问题提供了一个相当优雅的解决方案。使用 DbUnit,开发人员可以控制测试数据库的状态。进行一个 DAO 单元测试之前,DbUnit 为数据库准备好初始化数据;而在测试结束时,DbUnit 会把数据库状态恢复到测试前的状态。

9.3.1 DbUnit 介绍

DbUnit 是为数据库驱动的项目提供的一个对 JUnit 的扩展,除了提供一些常用功能,它可以将数据库置于一个测试轮回之间的状态。

DbUnit 是一个基于 JUnit 扩展的数据库测试框架。它提供了大量的类对与数据库相关的操作进行抽象和封装。它通过使用用户自定义的数据集以及相关操作使数据库处于一种可知的状态,从而使得测试自动化、可重复和相对独立。

9.3.2　DbUnit 原理

DbUnit 与单元测试相关的两个最重要的核心是org. dbunit. database. IDatabaseConnection 和 org. dbunit. dataset. IDataSet，前者是产品代码使用数据库连接的一个简单封装，后者是对单元测试人员自定义的数据集（通常以 XML 文件的形式存在，且 XML 文件的格式也有好几种）的封装。

org. dbunit. operation. DatabaseOperation 类是一个抽象类，代表了对数据库的操作，例如 CUD 以及其组合等，它采用了退化的工厂模式，可直接通过它获取其具体的子类（代表具体的某种操作）如下：

- NONE：不执行任何操作，是 getTearDownOperation 的默认返回值。
- UPDATE：将数据集中的内容更新到数据库中。它假设数据库中已经有对应的记录，否则将失败。
- INSERT：将数据集中的内容插入到数据库中。它假设数据库中没有对应的记录，否则将失败。
- REFRESH：将数据集中的内容刷新到数据库中。如果数据库有对应的记录，则更新，没有则插入。
- DELETE：删除数据库中与数据集对应的记录。
- DELETE_ALL：删除表中所有的记录，如果没有对应的表，则不受影响。
- TRUNCATE_TABLE：与 DELETE_ALL 类似，更轻量级，不能 rollback。
- CLEAN_INSERT：是一个组合操作，是 DELETE_ALL 和 INSERT 的组合。是 getSetUpOperation 的默认返回值。

9.3.3　DbUnit 测试基本流程

基于 DbUnit 测试，主要接口是数据集 IDataSet。IDataSet 代表一个或多个表的数据。可以将数据库模式的全部内容表示为单个 IDataSet 实例。这些表本身由 Itable 实例来表示。IDataSet 的实现有很多，每一个都对应一个不同的数据源或加载机制。最常用的几种 IDataSet 实现为：

- FlatXmlDataSet：数据的简单平面文件 XML 表示；
- QueryDataSet：用 SQL 查询获得的数据；
- DatabaseDataSet：数据库表本身内容的一种表示；
- XlsDataSet：数据的 excel 表示。

使用 DbUnit 进行单元测试的流程：

(1) 根据业务，做好测试用的准备数据和预想结果数据，通常准备成 .xml 格式文件。

(2) 在 setUp( ) 方法里备份数据库中的关联表。

(3) 在 setUp( ) 方法里读入准备数据。

(4) 对测试类的对应测试方法进行测试：执行对象方法，把数据库的实际执行结果和预想结果进行比较。

(5) 在 tearDown( ) 方法里把数据库还原到测试前状态。

9.3.4　用 DbUnit 对 HSQLDB 数据库的测试

编写一个 DAO：

```java
public interface UserDao {
    long addUser(User user) throws SQLException;
    User getUserById(long id) throws SQLException;
}
```

编写一个简单 POJO：

```java
public class User {
    private long id;
    private String username;
    private String firstName;
    private String lastName;
    public long getId() {
        return id;}
    public void setId(long id) {
        this.id = id;}
    public String getUsername() {
        return username;}
    public void setUsername(String username) {
        this.username = username;}
    public String getFirstName() {
        return firstName;}
    public void setFirstName(String firstName) {
        this.firstName = firstName;}
    public String getLastName() {
        return lastName;}
    public void setLastName(String lastName) {
        this.lastName = lastName;}
}
```

编写一个纯 JDBC 的 DAO 实现：

```java
import java.sql.Connection;
import java.sql.PreparedStatement;
import java.sql.ResultSet;
import java.sql.SQLException;
import java.sql.Statement;

public class UserDaoJdbcImpl implements UserDao {
    private Connection connection;
```

```java
    public void setConnection(Connection connection) {
        this.connection = connection;
    }
    public Connection getConnection() {
        return connection;
    }
    public long addUser(User user) throws SQLException {
        connection.setAutoCommit(false);
        PreparedStatement pstmt = connection.prepareStatement("INSERT INTO users (username, first_name, last_name) VALUES (?,?,?)");
        try {
            pstmt.setString(1, user.getUsername());
            pstmt.setString(2, user.getFirstName());
            pstmt.setString(3, user.getLastName());
            pstmt.executeUpdate();
            long id = getLastIdentity();
            connection.commit();            return id;
        } finally {
            close(pstmt);
            connection.setAutoCommit(true);
        }
    }
//获取最后一个编号
    private long getLastIdentity() throws SQLException {
        PreparedStatement pstmt = connection.prepareStatement(" CALL IDENTITY()");
        ResultSet rs = null;
        try {
            rs = pstmt.executeQuery();
            rs.next();
            long id = rs.getLong(1);
            return id;
        } finally {
            close(rs, pstmt);
        }
    }
//通过 ID 获取 User
    public User getUserById(long id) throws SQLException {
        PreparedStatement pstmt = connection.prepareStatement("SELECT * FROM users WHERE id = ?");
        ResultSet rs = null;
```

```java
        User user = null;
        try {
            pstmt.setLong(1, id);
            rs = pstmt.executeQuery();
            if (rs.next()) {
                user = new User();
                fill(user, rs);
            }
        } finally {
            close(rs, pstmt);
        }
        return user;
    }
//设置 User 信息
    private void fill(User user, ResultSet rs) throws SQLException {
        user.setUsername(rs.getString("username"));
        user.setFirstName(rs.getString("first_name"));
        user.setLastName(rs.getString("last_name"));
        user.setId(rs.getLong("id"));
    }
}
//关闭 ResultSet
    private void close(ResultSet rs, Statement pstmt) {
        if (rs != null) {
            try {
                rs.close();
            } catch (SQLException e) {
                e.printStackTrace();
            }
        }
        close(pstmt);
    }
//关闭 Statement
    private void close(Statement stmt) {
        try {
            stmt.close();
        } catch (SQLException e) {
            e.printStackTrace();
        }
    }
}
```

用 DbUnit 进行测试。测试用例必须包含正确数据的数据库，并返回预期的数据。也就是说要用的与数据库进行交互，即要使用到 DbUnit。

在 DbUnit 中的数据库是通过一个 IDataSet 来表示的。并且 DbUnit 提供了各种不同的 IDataSet 实现，最常见的是 XMLDataSet 和 FlatXmlDataset。需要在 Users 表中插入一行数据，数据放在 data.xml。代码如下：

```xml
<?xml version="1.0"?>
<dataset>
    <users id="1" username="ElDuderino" first_name="Jeffrey" last_name="Lebowsky"/>
</dataset>
```

在本例中我们使用 FlatXmlDataset 来构建数据集，代码如下：

```java
protected IDataSet getDataSet(String name) throws Exception {//
    InputStream inputStream = getClass().getResourceAsStream(name);
    assertNotNull("file" + name + " not found in classpath", inputStream); //
    FlatXmlDataSetBuilder builder = new FlatXmlDataSetBuilder();
    IDataSet dataset = builder.build(inputStream);
    return dataset;
}
```

在测试过程中，要初始化一个新的对象，赋予它属性，然后将其插入数据库中。随着测试用例的不断增加，越来越多的测试需要做相关的事情。为了避免做重复的工作，创建一个辅助类用来创建和断言对象。代码如下：

```java
public final class EntitiesHelper {

  public static final String USER_FIRST_NAME = "Jeffrey";
  public static final String USER_LAST_NAME = "Lebowsky";
  public static final String USER_USERNAME = "ElDuderino";

  private EntitiesHelper() {
    throw new UnsupportedOperationException("this class is a helper");
  }
  //用于定义 User 的属性
  public static User newUser() {
    User user = new User();
    user.setFirstName(USER_FIRST_NAME);
    user.setLastName(USER_LAST_NAME);
    user.setUsername(USER_USERNAME);
    return user;
  }
```

```java
// 用于断言 User
public static void assertUser(User user) {
    assertNotNull(user);
    assertEquals(USER_FIRST_NAME, user.getFirstName());
    assertEquals(USER_LAST_NAME, user.getLastName());
    assertEquals(USER_USERNAME, user.getUsername());
}
```

按照前面的分析，整合上面的代码，测试代码如下：

```java
public class UserDaoJdbcImplTest {
    private static UserDaoJdbcImpl dao = new UserDaoJdbcImpl();
    private static Connection connection;
    private static HsqldbConnection dbunitConnection;

    @Before
    public void setupDatabase() throws Exception {
        // 构建一个内存模式的数据库
        Class.forName("org.hsqldb.jdbcDriver");
        connection = DriverManager.getConnection("jdbc:hsqldb:mem:myhsqldb;shutdown=true");
        // 创建 dbunit 的 Connection, 需要传入数据库连接
        dbunitConnection = new HsqldbConnection(connection, null);
        dao.setConnection(connection);
        this.createTables(connection);
    }

    @After
    public void closeDatabase() throws Exception {
        if (connection != null) {
            connection.close();
            connection = null;
        }
        if (dbunitConnection != null) {
            dbunitConnection.close();
            dbunitConnection = null;
        }
    }
    @Test
    public void testGetUserById() throws Exception {
```

//通过上面定义的方法 protected IDataSet getDataSet(String name)来获取数据集
```java
        IDataSet setupDataSet = getDataSet("/data.xml");
        DatabaseOperation.CLEAN_INSERT.execute(dbunitConnection, setupDataSet);//
        User user = dao.getUserById(1);
        assertNotNull(user);
        assertEquals("Jeffrey", user.getFirstName());
        assertEquals("Lebowsky", user.getLastName());
        assertEquals("ElDuderino", user.getUsername());
    }

    @Test
    public void testAddUser() throws Exception {
        User user = EntitiesHelper.newUser();
        user.setFirstName("Jeffrey");
        user.setLastName("Lebowsky");
        user.setUsername("ElDuderino");
        long id = dao.addUser(user);
        assertTrue(id > 0);
        IDataSet expectedDataSet = getDataSet("/data.xml");
        IDataSet actualDataSet = dbunitConnection.createDataSet();
        Assertion.assertEquals(expectedDataSet, actualDataSet);
    }
    @Test
    public void testAddUseIgnoringId() throws Exception {
        IDataSet setupDataSet = getDataSet("/data.xml");
        DatabaseOperation.DELETE_ALL.execute(dbunitConnection, setupDataSet);
        User user = EntitiesHelper.newUser();
        long id = dao.addUser(user);
        assertTrue(id > 0);
        IDataSet expectedDataSet = getDataSet("/data.xml");
        IDataSet actualDataSet = dbunitConnection.createDataSet();
        Assertion.assertEqualsIgnoreCols(expectedDataSet, actualDataSet, "users", new String[] { "id" });
    }
```
//创建一张数据表,用于测试
```java
private void createTables(Connection connection) throws SQLException {
    Statement stmt = connection.createStatement();
    try {
```

```
            stmt.execute(" CREATE TABLE users ( id INTEGER GENERATED BY 
DEFAULT AS IDENTITY(START WITH 1), " +
                    "username VARCHAR(10), first_name VARCHAR(10), last_
name VARCHAR(10) )");
            } finally {
                stmt.close();
            }
    }
}
```

测试结果如图 9-9 所示。

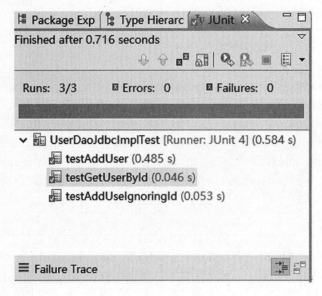

图 9-9　测试结果

小　结

数据库的测试是软件测试中的一个难点。对于业务逻辑的测试，一个有效的方法就是隔离数据库。如何隔离开数据库持久性代码，是业务逻辑测试的关键。模拟数据库接口，替代数据库的真正实现，从而实现隔离开数据库的业务逻辑测试。

HSQLDB 数据库是纯 Java 数据库，最大的特点是有三种服务模式：Server 模式、In-Process 模式、Memory-Only 数据库，Server 模式与普通的数据库管理系统一样，功能强大可以满足正常数据管理。后面两种模式在测试中非常有用，可以免去测试时对数据库的备份和还原的工作。

DbUnit 是基于 JUnit 扩展的数据库测试框架。它提供了大量的类对与数据库相关的操作进行抽象和封装。它通过使用用户自定义的数据集以及相关操作使数据库处于一种可知的状态，从而使得测试自动化、可重复和相对独立。DbUnit 与单元测试相关的两个最重要的核心是 org.dbunit.database.IDatabaseConnection 和 org.dbunit.dataset.IDataSet，前者是产品代码使用数据库连接的一个简单封装，后者是对单元测试人员自定义的数据集（通常以 XML 文件的形式存在，且 XML 文件的格式也有好几种）的封装。org.dbunit.operation.DatabaseOperation 类是一个抽象类代表了对数据库的操作，例如 CUD 以及其组合等。

10 商业单元测试工具的使用

一个高质量的软件外包项目必须具有正确性、健壮性、高效率性、完整性、可用性、承担风险性、可理解性、可维修性、灵活性、可测试性（产品修改）、可移植性、可再用性、互运行性等特点。前面的章节主要阐述了主流的开源框架的应用。本章主要介绍在单元测试领域做得比较好的商业软件。

美国 Parasoft 公司对于提高软件质量的研究已经近 30 年，为提高外包项目开发团队生产力和软件质量方法的集成提供了一套完美的解决方案。

10.1 Jtest 的介绍

Parasoft Jtest 是为 Java EE、SOA、Web 以及其他 Java 应用程序的开发团队量身定做的一款全面测试 Java 程序的工具。无论是编写高质量的代码还是在不破坏原有代码既有功能的前提下延长其生命周期，Jtest 都能提供经实践证明有效的方法以保证代码按照预期运行。Jtest 使开发团队能够迅速可靠地修改代码，优化开发资源并且控制项目开发成本和进度。

1. 自动查找隐蔽的运行缺陷

BugDetective 是一种新的静态分析技术，它能够查找出隐藏在代码中的那些导致运行缺陷和造成程序不稳定的错误。这些错误往往是人工调试和检测起来耗时且难以发现的，有的甚至只有在程序实际应用中才会暴露出来，这就大幅增加了修复这些错误的成本。BugDetective 能通过自动追踪和仿真执行路径找出这些错误，即使是包含在不同方法和类之间，和（或）包内含有众多顺序调用的复杂程序。BugDetective 能诊断以及修复传统静态分析和单元测试容易遗漏的错误。在程序开发周期中尽早发现这些错误能节省诊断时间，从而避免可能出现的重复工作。

2. 自动代码检测

Jtest 的静态代码分析能自动检测代码是否符合超过 800 条的程序编码规范和任意数量的用户定制的编码规则，帮助开发者避免出现这些隐蔽且难以修复的编码错误。静态代码分析还能帮助用户预防一些特殊用法的错误，提高安全性，增加代码的可读性和可维护性，并且将适合重构的代码定位。静态代码分析能够自动解决大多数编码问题，从而迅速地进行代码优化。静态代码自动分析排除了在同行代码走查（peer code review）过程中逐行检查的必要性，使开发者更加注重软件核心价值，比如检查设计、算法或实现方法等。Jtest 的代码走查模块能够自动化同等代码走查过程，增加了开发者的参与性与交流，使代码走查的效率得到大幅提升。这对软件开发者而言（尤其是那些零散分布式团队）非常关键。对代码进行自动结合人工的检查可以保证代码质量，使得 QA 能集中于更高级别的检验，缩短面市时间以及增加项目的可预测性。

3. 功能
- 自动生成敏感的低噪声回归测试套件。
- 自动发现可能会跨越方法、类或者包的运行缺陷。
- 捕捉配置代码运行的真实行为以生成 JUnit 测试用例。
- 生成可扩展的 JUnit 和 Cactus 测试用例来定位可靠性和代码行为方面的问题。
- 执行测试套件以定位回归测试和未预见到的副作用。
- 用分支覆盖率来监控测试覆盖率以达到高覆盖率。
- 在测试运行时定位内存泄漏。
- 检查代码是否符合超过 800 多条的内建规则，包括 100 条安全性规则。
- 对违反 250 条规则的代码进行快速纠正。
- 可以通过图形工具或者提供一个含有违反相应规则的示例代码来修改参数。
- 定制用户自定义规则。
- 支持 Struts、Spring、Hibernate、EJBs、JSPs、Servlets。
- 可完整集成于 Eclipse、RAD、JBuilder。
- 可与 InterlliJ IDEA 和 Oracle JDeveloper 部分集成（导入结果）。
- 可与大多数主流的源码控制系统完整集成。
- 自动同行代码走查过程（包括准备提示和导航）。
- 在团队内部或是组织内部共享测试设置。
- 生成 HTML 和 XML 报告。

4. 将 Jtest 加入到团队的工作流程框架中

Jtest 支持部署全团队的测试标准，并提供可持续的工作流将最佳实践无缝集成入团队现有流程中。项目架构师首先可以自定义开发团队的测试配置，而后 Parasoft 的 Team Configuration Manager（TCM）可以自动对开发团队每个成员的 Jtest 进行相应配置。开发者可以直接使用 IDE 来查找和修复这些问题，避免将这些问题传递到源码控制系统中。其次，Jtest 服务器每天定时检测整个项目的代码，并且将所发现的问题通过 Email 发送给团队经理和相关负责人。开发者能够将这些结果直接导入到 ID 中以查找代码中的错误。Jtest 服务器还能将这些消息发送到 Parasoft GRS（group reporting system），GRS 通过收集和分析 Jtest 或是其他测试工具的数据，并按类别整理到项目质量和状态的概要数据中，然后分别提供给项目经理、架构师、开发者和测试者以供参考。

5. 自动为常规回归测试建立底层测试框架

总而言之，这些测试用例构成了一个健壮的回归测试套件，自动在初期发现缺陷并且判断其对相应代码的修改是否会破坏既有功能。这样的回归测试套件对于开发者迅速可靠地更改代码是很有帮助的，尤其是针对设计复杂并需要不断升级维护的程序而言更为重要。无论开发团队的代码库是否经过测试，或只经过很少的测试，Jtest 都能迅速为其生成健壮的、低噪声的回归测试套件。

10.1.1　Jtest 的安装

Jtest 的当前版本支持常见的主流开发平台及系统。针对不同的平台提供不同的安装文件，同一种安装平台还提供独立版本和插件版本两种安装文件，更好地扩展了工具适用范围。以下具体介绍 Parasoft 工具安装过程。

（1）双击安装文件，弹出如图 10-1 所示的主界面。

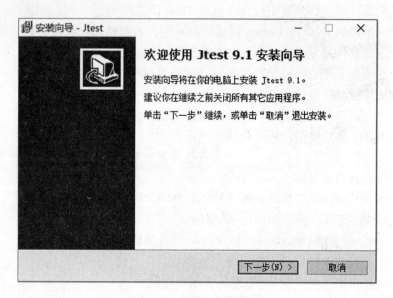

图 10-1　Jtest 安装界面

（2）选择"下一步"按钮，接受协议后进行 Jtest 的安装，如图 10-2 所示。

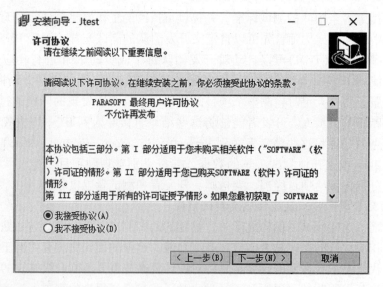

图 10-2　接受协议

(3) Jtest 安装完毕，如图 10-3 所示。

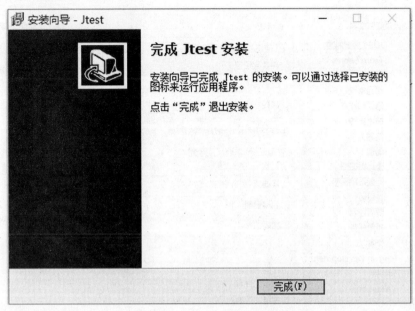

图 10-3　Jtest 安装完毕

10.1.2　机器绑定的许可证

(1) 选择"Jtest > Preferences(Jtest > 首选项)"，打开"Preferences(首选项)"对话框。

(2) 在左边树形图中展开 Jtest 节点，选择"License(许可证)"项，右边展开 License 的可编辑的界面。

(3) 联系 Parasoft 代理，接收许可证。需要提供在"Local License(本地许可证)"区域中列出的机器标识。如果拥有服务器许可证，且不打开 GUI 就获得机器标识，请从命令行运行 Jtestcli。输出消息中将报告机器标识。

(4) 在许可证首选项页面的"Local License(本地许可证)"部分，输入许可有效期代码和密码。

(5) 单击"Apply(应用)"，许可证首选项页面将显示被许可使用的功能，以及许可证有效日期，如图 10-4 所示。

图 10－4　许可证

10.2　Jtest 的静态测试

　　静态方法是指不运行被测程序本身，仅通过分析或检查源程序的语法、结构、过程、接口等来检查程序的正确性。通过需求规格说明书、软件设计说明书、源程序结构分析、流程图分析、符号执行来找错。静态方法通过程序静态特性的分析，找出欠缺和可疑之处，例如不匹配的参数、不适当的循环嵌套和分支嵌套、不允许的递归、未使用过的变量、空指针的引用和可疑的计算等。静态测试结果可用于进一步的查错，并为测试用例选取提供指导。

软件工作产品可以通过不同的静态技术进行检查以评估工作产品的质量，而这种静态技术不同于软件的动态测试技术。静态测试是相对于动态测试而言的，即不要求在计算机上实际执行所测程序所进行的测试。静态测试主要以一些人工的模拟技术对软件进行分析和测试，是白盒测试方法的一种，包括代码检查、静态结构分析等。它可以由人工进行，充分发挥人的逻辑思维优势，也可以借助软件工具自动进行。据此，静态测试可以分为评审和工具支持的静态测试技术。相对于动态测试而言，静态测试成本更低，效率较高，更重要的是可以在软件开发生命周期早期就发现缺陷和问题。

IEC61508 安全标准中关于关键软件，静态分析是高度推荐的技术。一个软件产品可能实现了所要求的功能，但如果它的内部结构组织得很复杂、很混乱，代码也编写得没有规范，那么软件中往往会隐藏一些不易被察觉的错误。其次，即使该软件基本满足了用户目前的要求，但日后对该产品进行维护升级工作时，会发现维护工作相当困难。因此，如果能对软件进行科学、细致地静态分析，使系统的设计符合模块化、结构化、面向对象的要求，使开发人员编写的代码符合规定的编码规范，就能避免软件中大部分的错误，同时为日后的维护工作节约大量的人力、物力。这就是对软件进行静态分析的价值所在。

Parasoft Jtest 工具提供了强大的静态测试功能，包括静态代码规范检测、自定义测试规范、Bugdetective 数据流检测功能。

10.2.1 Jtest 静态代码检测规范

静态代码检测直接扫描程序代码，提取程序关键语法。解释其语义，理解程序行为，根据预先设定的漏洞特征、安全规则等检测漏洞。

词法分析：词法分析是最早出现的静态代码检技术之一，它只进行语法上的检查，其他不做排查。词法分析把程序划分为一个个片断，再把每个片断与设定好的嫌疑对象进行比较，如果属于嫌疑，则进一步实行启发式判断。

规则检查：程序本身的安全性可由安全规则描述。程序本身存在一些编程规则，即一些通用的安全规则。规则检查方法将这些规则以特定语法描述，由规则处理器接收，并将其转换为分析器能够接受的内部表示方法，然后再将程序行为进行比对、检测。

类型推导：自动推导程序中变量和函数的类型，判断变量和函数的访问是否符合类型规则。静态漏洞检测的类型推导由定型断言、推导规则和检查规则3个部分组成。定型断言用来定义变量或函数类型的错误。

Parasoft Jtest 通过建立一系列编码规范规则与静态分析以检测兼容性并预防代码错误。Jtest 提供了 1000 多条内建规则，并对这些规则进行分类整合，譬如有针对 JavaBeans 的，有针对代码规范的，有针对线程的，有针对安全性的，有针对 XML 的，这些都是业内比较主流的规则。通过这些规则识别代码中因使用不当而潜在的缺陷，并且提供最佳编码建议，从而提高代码的可维护性，增加代码的可重用性。

Jtest 内建的规则根据严重性设置了不同的违规级别。目前定制了 5 个级别,5 个违规级别意味着所发现缺陷的不同严重性,用户可以根据实际需求选择不同的等级,1 级最严重,这个级别说明对代码的质量影响非常大。

10.2.2 Jtest 静态代码规范的具体检测操作流程

本节阐述如何使用 Jtest 的静态代码检测规范,并查找代码中隐含的不规范的地方。

(1)双击桌面 Jtest 的快捷启动图标,启动 Jtest。查看菜单栏中的 Jtest,如果读者没有看到此菜单,则请选择 Window→Open Perspective → Other(窗口→打开透视图→其它),选择 Jtest 项,然后点击"OK"按钮。

(2)点击菜单 Jtest→Test Configurations…,在执行静态测试之前,查看并选定测试配置,弹出对话框 Test Configurations,如图 10 – 5 所示,在左边的树形结构图中,有"User – defined""Builtin""Team"等三项。"User – defined"下列出配置单是用户自定义设定的测试配置规则;"Builtin"下的配置单是 Parasoft Jtest 工具自带的测试规则和配置;"Team"下是开发、测试团队公用的测试规则和配置。

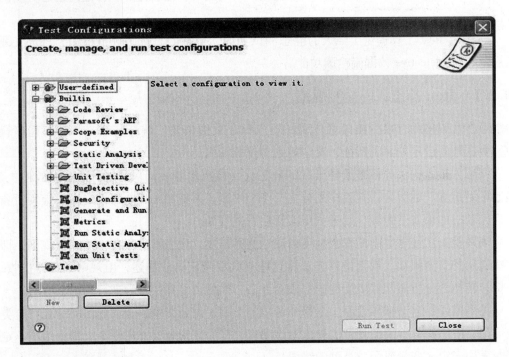

图 10 – 5 测试配置界面

(3)依次展开节点"Builtin"→"Static Analysis",如图 10 – 6 所示,在 Static Analysis 项中列出了 Parasoft Jtest 自带的静态分析规则。这些规则按照不同的应用领域,综合了在软件开发行业已有的实践经验,或从著名公司出版的经典书籍中提取出来。这些编码规则有助于在软件开发的前期进行错误预防。

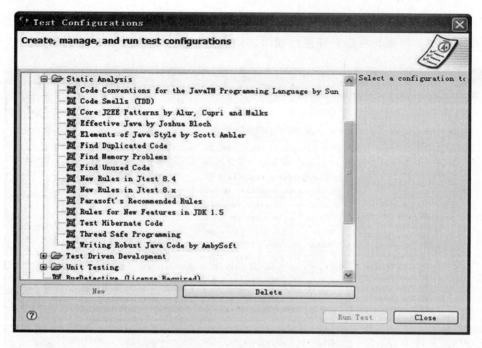

图 10-6 静态分析规则

（4）配置测试规范。企业在软件开发上，都会定制属于自己的编码规范。由于 Parasoft Jtest 工具中，节点 Builtin 下的所有项是内嵌的，不可编辑，用户可以仿照如图 10-7 所示的操作，右键选择需要编辑的配置如"Code Conventions for the JavaTM Programming Language by Sun"，在弹出的右键菜单上，选择"Duplicate"项，即将该配置复制到了"User-defined"节点下。

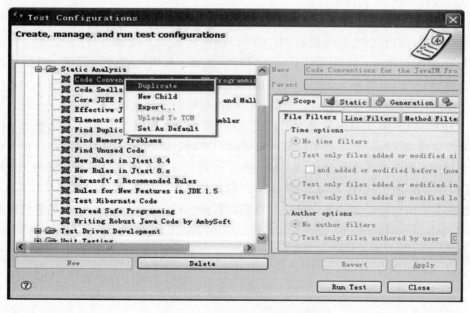

图 10-7 复制工具内建的规则

在"User-defined"节点下的各规则，用户可以通过点击这个配置，打开右边编辑区这个配置的编辑界面，可以对其进行编辑，如图10-8所示。

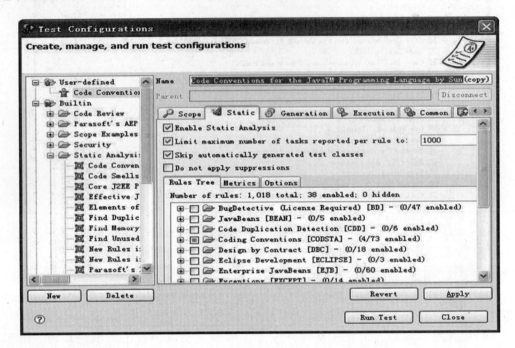

图10-8　可编辑的规则

（5）在这个编辑界面中，用户可以在Name编辑框中修改规则的名字，也可以通过选择Scope、Static、Generation、Execution等标签页，定制属于自己的规则。完成后，请记得点击按钮"Apply"将配置应用。

（6）查看规则的详细文档。打开"Test configurations"对话框，在"User Defined"下，任意选择一项，打开右边的编辑界面，选择Static标签页。在Static标签页下，列出了当前Jtest的所有规则。如果需要了解该规范的意义，可以右键选择规则，在弹出的菜单中选择"View Rule Documentation"，然后会出现使用说明文档，如图10-9所示。要使用该规范对程序进行静态走查，只需要将该规则前的复选框选中。

（7）Parasoft Jtest工具内置提供了将近1000多条静态代码走查规范，这些规范按照不同的严重级别进行分类。如果修改严重等级，需要右键点击规则的根节点，在弹出的菜单中，根据用户的需要，选择"Enable rules"。这里需要使用违规严重级别高的规则去进行静态代码走查，选择"Enable severity 1"或其他等级，如图10-10所示。

如果要取消已经设定的安全等级，只需要右键选择，在弹出的右键菜单中依次选择"Disable rules"→"Disable Severity 1"。

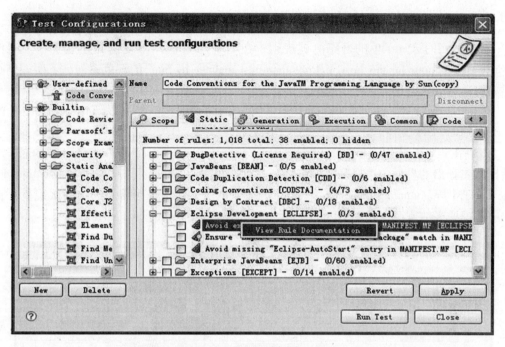

图 10-9　查看规则说明文档

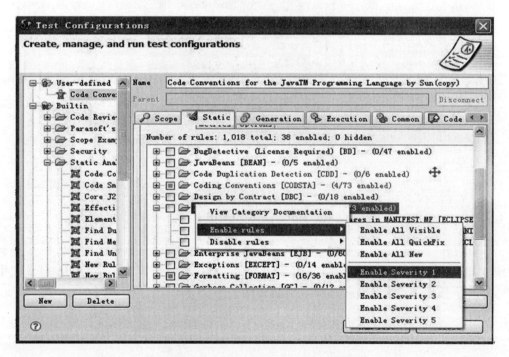

图 10-10　设置单项规则的安全等级

10.2.3 根据选定的规则进行静态代码检测

前面介绍了 Parasoft 的静态测试规则，在"User Defined"下复制并建立了一个叫作"Code Conventions for the JavaTM Programming Language by Sun"的规范系列。下面举例阐述如何选定规则，进行代码走查。

（1）展开工程 jtest. demo，打开 jtest. demo. bugdetectiveAndParameteredTest 下的 SortArrayList. java 文件。

（2）在菜单上依次点击"Jtest"→"Test Configuration…"，打开 Test Configurations 对话框，在弹出的界面中选择静态测试规范，点击"User – defined"→"Code Conventions for the JavaTM Programming Language by Sun"。在该规范系列中根据需求选定测试规范。首先屏蔽掉原来的规范，如图 10 – 11 所示，选定后点击"Disable All Visible"。

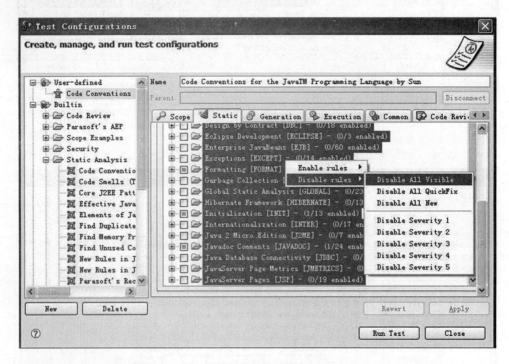

图 10 – 11　屏蔽掉所有的测试规范

（3）展开"Formatting"，钩选"Write one statement per line [FORMAT. OSPL – 2]"前面的选择框如图 10 – 12 所示。后续将使用这条规则对代码进行审查。然后点击对话框中的"Apply"按钮，点击"Close"按钮将配置面板关闭。

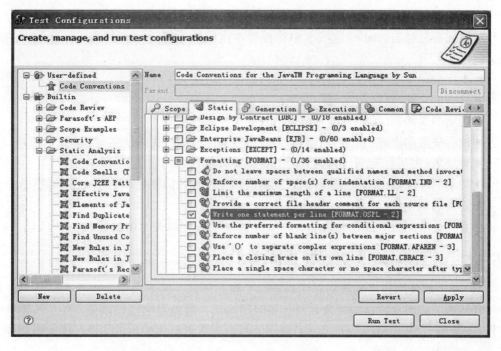

图10-12 选定需要的规范

(4)使用配置好的规则对代码进行测试。首先,用户需要选择被测的代码、被测的包或被测的工程(可多选),然后选择菜单"Jtest"→"Test Using…"→"User defined"→"Code Conventions for the JavaTM Programming Language by Sun",Parasoft Jtest将会自动化进行代码静态测试,如图10-13所示。

图10-13 执行测试时的进度条

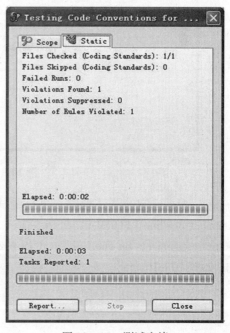

图10-14 测试完毕

当测试执行完成后"Stop"按钮被灰掉，变为不可编辑的状态，如图 10-14 所示。

在该面板的静态(static)选项卡中将报告本次测试运行后得到的编码标准测试的结果，包括：

- 本次编码标准测试耗费的时间(运行测试的时间)；
- 检查的文件数(执行编码标准测试检查的文件的数量)；
- 忽略的文件数(编码标准测试未检查的文件的数量)；
- 执行失败的次数(由于类似编译错误造成的测试运行失败的数量)；
- 冲突数(编码标准测试查找到的所有冲突数量)；
- 抑制的冲突数(编码标准测试查找到但预先设置为抑制显示的冲突的数量)；
- 违背的规则数(违背的规则的数量)。

查看完标准面板所报告的信息后，单击"Close"按钮以关闭该面板。

10.2.4 审查测试结果与发现问题的修正

(1) 在上面使用选定的规则对代码进行了静态测试，接下来就要查看测试结果，如果发现问题，应当及时通知开发人员，将问题修正，避免影响代码质量。在工具菜单中选择"Jtest"→"Show View"→"Tasks"视图，可以查看更具体的测试结果：依次展开各个节点，如图 10-15 所示。

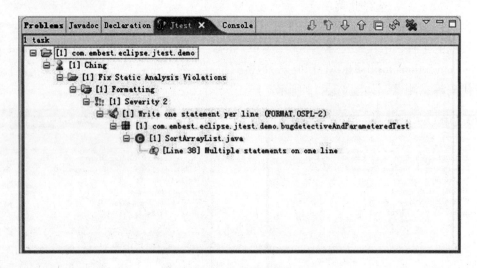

图 10-15　Tasks 视图

(2) 根据选定的测试规则，执行测试后发现，代码中有 1 处违背了规范"Write one statement per line [FORMAT.OSPL-2]"。双击有小黄灯泡的图标或者其描述"[Line 38] Multiple statements on one line"，可以自动定位到代码中的违规处。并且选中错误的语句，如图 10-16 所示。

```
 30   /**
 31    * Compare the value of index between the two student.
 32    * @since 1.5
 33    * @param stu1   Student
 34    * @param stu2   Student
 35    * @return int
 36    */
 37   public int compare(final Student stu1, final Student stu2) {
 38       if (index == -1) return 0;
 39
 40
 41       final String s1 = getValue(index, stu1);
 42       final String s2 = getValue(index, stu2);
 43       int result = 0;
 44       if ((s1 == null) && (s2 == null)) {
 45           result = 0;
 46       }
```

图 10 – 16　定位并高亮显示违规的代码

（3）根据信息描述"[Line 38] Multiple statements on one line"，不难看出是这一行使用了多个语句，只需要将被定位到的语句换行即可。

（4）在 Jtest 中存在 200 多条规则，这些规则对发现的错误可以自动修复，以上面发现的这个问题为例，用户可以在视图 Jtest 中，右键选择信息描述"[Line 38] Multiple statements on one line"在弹出的菜单中可以看到"Separate into multiple statements"，如图 10 – 17 所示，用户选择此菜单项，即可修复问题。

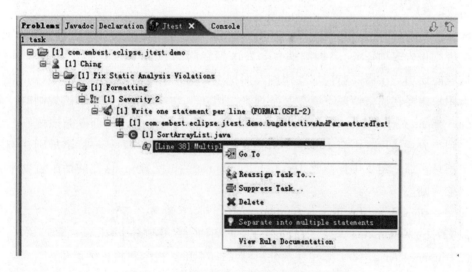

图 10 – 17　在视图中显示修复代码的菜单项

当然用户也可以在代码中修复问题，以上述检查的结果为例，在代码第 38 行，出现黄色的警告标记，用户可以用鼠标点击此警告标记，弹出浮动的面板如图 10 – 18 所示，第一项是 Eclipse 自带的检测信息，这个和 Jtest 没有冲突，也说明 Jtest 检查得到位。当然，用户在前面配置 Test configurations 时，也可以使其对 if 语句块必须包含大括弧进行检测，用户可以自己定制，这里不作赘述。用户可以选择"Separate into multiple statements"项，即可修复问题。

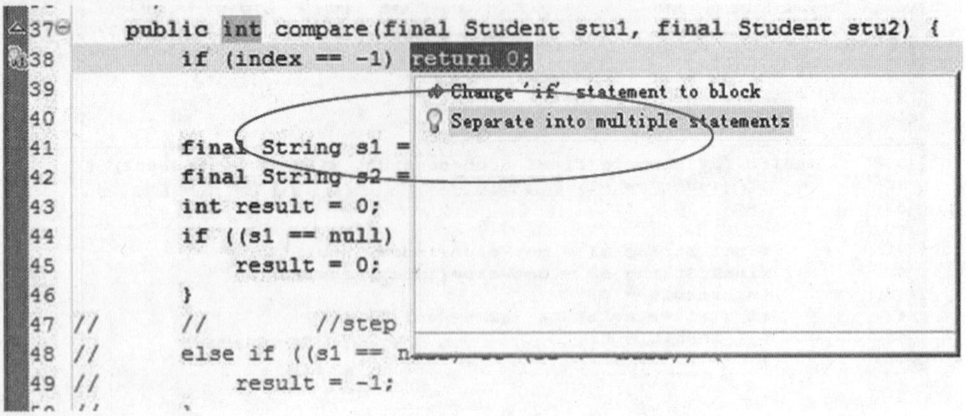

图 10-18 代码编辑器中的代码修复菜单

进行自动修复后，可以发现在视图 Jtest 中发现的问题信息，修复后自动清除。当然，此时用户也可以再次使用前面配置的规则，对被测代码进行走查。除去这 200 多条 Jtest 可以自动修复，其他发现的问题，请用户依据发现问题的提示，对代码进行手动修复。

10.2.5 Suppressions

Suppressions（抑制）用来防止 Jtest 对额外出现的特定静态分析任务进行报告（可能会为单个规则报告多项任务）。抑制消息会发送到专门的 Suppressions 视图，而非 Jtest 视图；这就能让用户按需要监控那些违例，而把主要结果区域集中于其他错误。

当用户想要在通常情况下遵循某条规则，但在少数异常情况下忽略该规则时，可使用 Suppressions。通过使用 Suppressions，用户可以继续检查代码是否遵循该规则，而不会接收到与故意违反规则有关的重复消息。如果用户不想接收到某一特定规则违例的任何错误消息，那么建议用户修改 Test Configurations（测试配置），这样的话配置就不会再检查该条规则。

Suppressions 设置独立于 Test Configuration。为避免冲突，请注意：

(1) Test Configuration 定义了在静态分析期间检查的规则集。

(2) Suppressions 定义了哪些静态分析结果应在 Jtest 视图和报告中可见。

这就意味着，分析期间在 Test Configuration 中所选择的规则会接受检查，但匹配 Suppressions 条件的结果将不会显示出来。

以前面的实验为例，假如出现的结果没有修正，如果用户觉得上述结果是可以接受的，不应被显示出来，那么在 Jtest 视图中右键选择信息描述"[Line 38] Multiple statements on one line"，在弹出的菜单中请选择"Suppress Task"项，如图 10-19 所示。

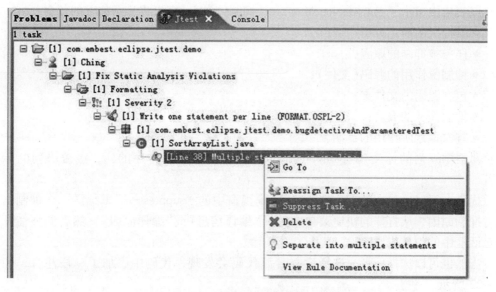

图 10 – 19　抑制错误或者警告菜单

用户在选择"Suppress Task"项后弹出"Reason for the suppression"对话框，如图 10 – 20 所示。

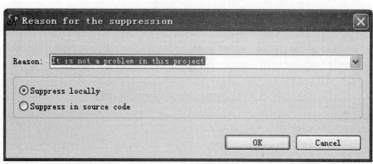

图 10 – 20　抑制代码原因编辑对话框

在 Reason 对话框中用户可以输入抑制的原因，然后可以选择"Suppress Locally"或者选择"Suppress in source code"。选择前者也就是在本机上处理后，发现刚才检测到的信息消除了。用户可以通过在菜单栏中选择"Jtest"→"Show view"→"Suppressions"打开 Suppressions 视图，可以看到抑制的信息情况如图 10 – 21 所示。

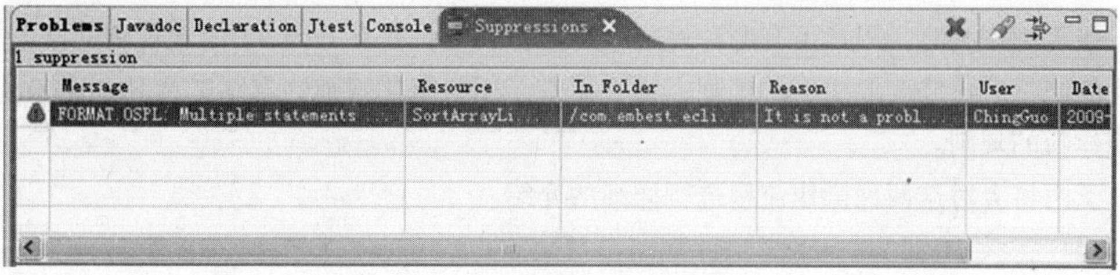

图 10 – 21　Suppression 视图

该表格中显示了 Suppression Messages（抑制信息），窗口将显示如下的信息：
- 被抑制的静态分析违例；
- 任务被抑制的原因；
- 抑制所作用的源码（文件）；
- 包含源码的文件夹；
- 抑制任务的人名；
- 首次抑制所作用的日期。

要根据一列的标头来对 Suppressions（抑制）窗口内容排序的话，点击该列的标头即可。

提示：可以通过右键点击 Suppressions 视窗中的"suppression"来编译一个抑制信息或者抑制原因，从打开的快捷菜单中选择"编译信息"或"编译原因"，然后调整在开启的对话框中的信息或原因。

当然也可以选择后者，选择后查看源代码会发现，代码中添加了一段注释，如图 10 - 22 所示。

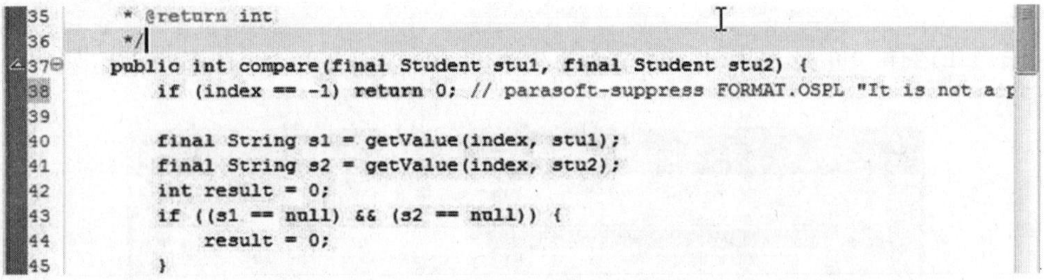

图 10 - 22　出现在代码中的抑制注释

10.3　使用 Jtest RuleWizard 自定义代码检测规则

在企业组织中，为了形成自己的风格、编码文化，往往需要有自己的一套编码规范，这个规范起码的要求是符合业内主流的规范。那么 Parasoft Jtest 的工具，将会是好的工具。在使用 Parasoft Jtest 时，用户可以制定自己的代码规范。Parasoft Jtest 工具提供了图形化的界面来自定义静态测试规范。

在定制规则时，用户可有两种途径进行操作：一种是在 Parasoft 内建规则的基础上，进行复制然后再修改形成新的规则；另一种是使用智能化规则的定制工具 RuleWizard 向导创建新的规则。

下面将会对这两种操作流程进行详细的介绍。

10.3.1 复制修改 Parasoft 内建规则方式

（1）在 Jtest 的菜单栏中，依次选择菜单项"Jtest"→"Test Configurations..."，打开测试配置对话框。在左边树形列表中依次展开节点"Builtin"→"Static Analysis"，用户可以选择"Static Analysis"节点下任一个规则系列，右键选择，打开菜单，选择"Duplicate"，将其复制到"User – defined"后，选择它，展开右边的编辑界面。在展开的编辑界面中，选择"Static"标签页，然后选择"Rules Tree"标签页，在树形列表中，展开任意规则类，右键选择该类下的一个规则，（注意规则前面的图标，只有标签，方能复制），打开右键菜单，选择"Duplicate"项，如图 10 – 23 所示。

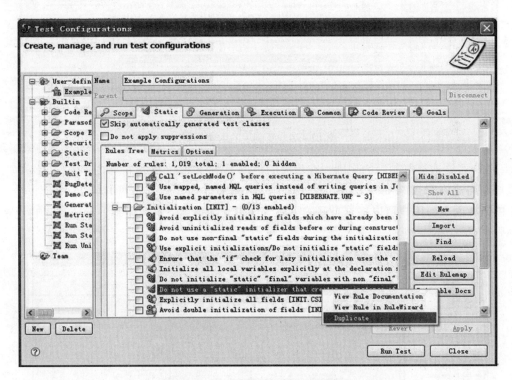

图 10 – 23 复制 Parasoft 内建规则

这条规则被复制到被选择的规则下面，如图 10 – 24 所示。

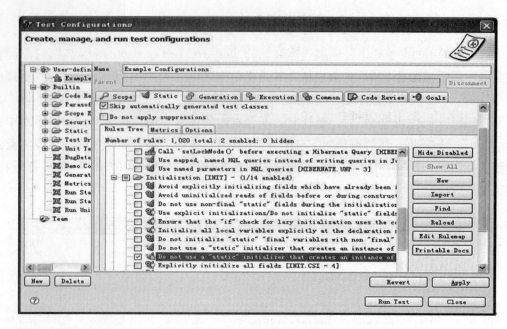

图 10-24 复制后的内建规则

（2）右键选择复制后的规则，在弹出的菜单上选择"Edit Rule in RuleWizard"菜单项，该规则将会在弹出"RuleWizard"对话框中以图像节点式打开，如图 10-25 所示。在这个图形界面上，用户可以根据自己的需要，通过添加节点，更改逻辑，形成属于自己的规则。

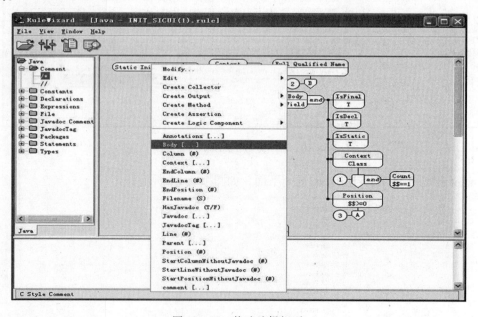

图 10-25 修改编辑规则

10.3.2　使用 RuleWizard 向导创建新的规则

除了在复制的规则上进行修改建立自己的规则外，用户可以直接使用 RuleWizard 向导创建一个新规则。下面将以这样的规则为例，说明如何使用"RuleWizard"向导创建一个新规则：在一个类中所有定义的变量必须以下画线开头。打开 RuleWizard 对话框，可以有两种方式：第一种通过菜单栏，依次选择菜单项"Jtest"→"Launch RuleWizard"，如图 10－26 所示。

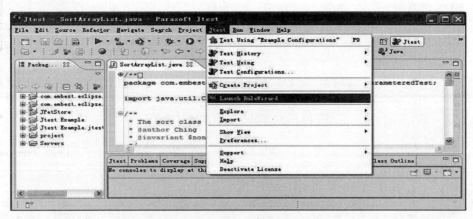

图 10－26　启动 RuleWizard 的菜单

第二种是在"Test Configurations"对话框中，选择"User Defined"下的需要添加规则的项，在右边展开的编辑界面中，选择"Static"标签页，然后选择"Rules Tree"标签页，再点击按钮"New"打开"RuleWizard"对话框，如图 10－27 所示。

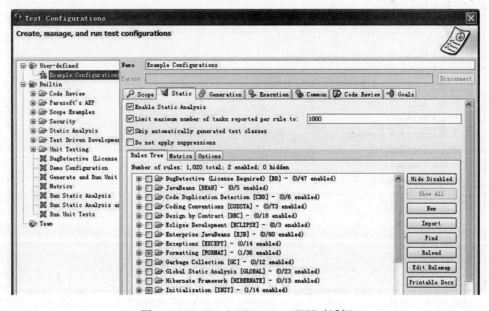

图 10－27　Test Configurations 配置对话框

(1) 打开的"RuleWizard"对话框，如图 10-28 所示。

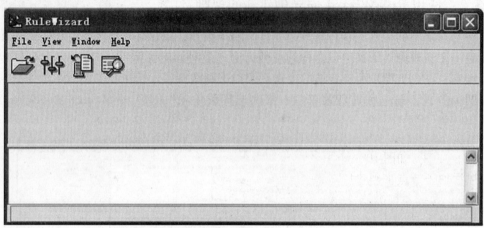

图 10-28　RuleWizard 编辑对话框

(2) 在弹出的对话框中依次选择菜单项"File"→"New"→"Rule"，打开"New Rule"配置对话框，如图 10-29 所示。

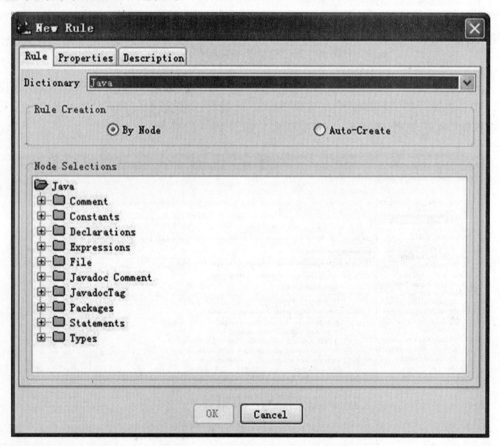

图 10-29　NewRule 编辑对话框

利用"RuleWizard",就能以图形化(通过创建一个类似于流程图的规则表示)或自动方式(通过提供一个规则违例的示例编码)创建规则。无须编码或解析器认知,就可以写入或修改一项规则。通过自动方式,在文本框中输入代码(比如 if (a = b))来创建,这种通过使用图形化详细说明创建规则方式,读者可以尝试使用。

(3)在 Dictionary 下拉菜单中选择 Java,在"Rule Creation"区域中选择"By Node",在"Node Selection"区域中依次展开"Declarations"→"Variables"→"Field"并选择"Field"节点,选择"OK",这样"Filed"节点会出现在右边灰色面板中,如图10-30所示。在这个节点上用户可以通过添加子节点来创建规则。

(4)使用这条规则能检测实例域(non-static)。首先通过右键点击节点"Node",在弹出的右键菜单中选择"IsStatic",如图10-31所示。

图10-30 Field 节点

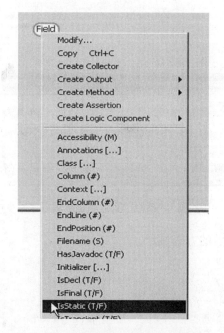

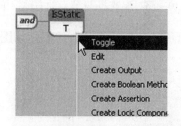

图10-31 配置 Field 节点的右键菜单　　图10-32 配置 isStatic 节点的右键菜单

需要检测这个域是 not static,所以需要右键点击"IsStatic"这个方框,在弹出的菜单中选择 Toggle 项,如图10-32所示。

需要指出这个是对命名的规定,右键选择"Field",在弹出菜单中选择"Name"项如图10-33所示。

在弹出的"Name"对话框的文本框"Regexp"中,需要输入"Jtest",需要知道对变量名检测的值是多少。如果用户希望当用户定义的变量违反规定时报出错误,选中"Negate"复选框。在我们的要求中,希望变量名以下画线开始,那么在文本框 Regexp

中输入^_.并且钩选"Negate"选择框。"^"表示表达式的开始,"."表示通配符。设定如图 10-34 所示。

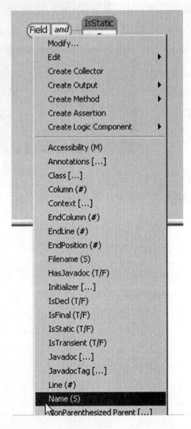

图 10-33 配置 Field 节点的右键菜单

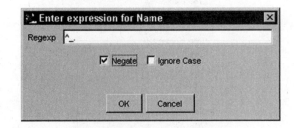

图 10-34 Name 表达编辑框

点击"OK"按钮,新的规则以图 10-35 所示的方式显示。

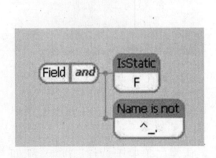

图 10-35 配置组合完成后的结构图

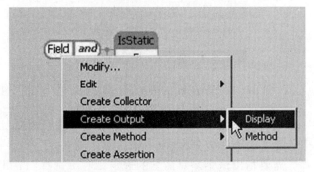

图 10-36 指定错误信息的菜单

当代码违反此规则,指定错误信息。右键选择节点"Field",在菜单中依次选择菜单项"Create Output"→"Display",如图 10-36 所示。

在弹出的"Customize Output"对话框中,在"Message"文本框中输入"Invalid field

name:$ name",如图 10-37 所示。这表明当规则检测代码中的变量不是以下画线开头时报出"Invalid field name:$ name","$ name"表示实际的变量名。

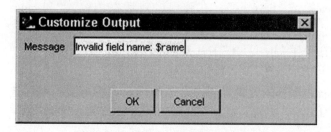

图 10-37 用户化输出配置对话框

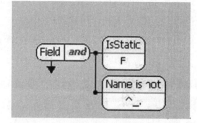

图 10-38 配置完成后的结构图

点击"OK"按钮,规则将以如图 10-38 的方式显示。

为了更好地使用这条规则,下面需要配置这条规则的属性,在面板上右键点击,选择 Properties 项,弹出"Rule Properties"对话框,如图 10-39 所示。

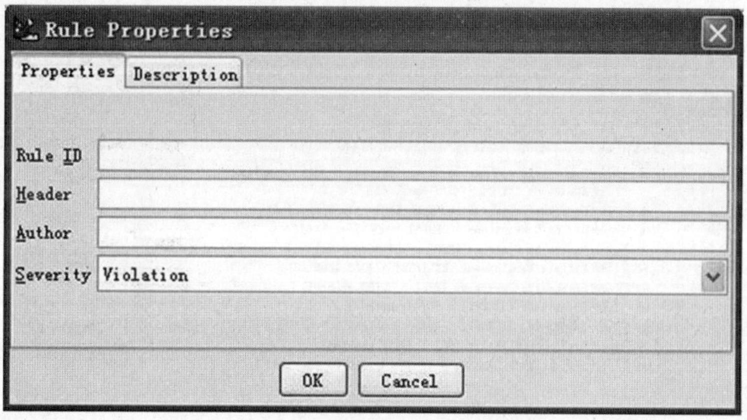

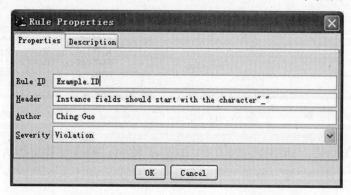

图 10-39 Rule Properties 对话框

在"Rule Properties"对话框中,"Rule ID"表示一个唯一的 ID 号以指定 Rule,如果需要分组,使用指定其格式如:category.id ,这里我们输入 Example.ID。在文本框"Header"中输入:Instance fields should start with the character "_",如图 10-40 所示。

图 10-40 编辑后的 Rule Properties 对话框

然后切换到"Description",这个是用户使用"View Rule Description"时可查看的信息。如果输入完毕,即可点击"OK"按钮关闭对话框。然后在"RuleWizard"向导对话框中的菜单栏中依次点击"File"→"Save"或"Save as",在弹出的对话框中输入"Instance fields",保存刚才创建的Rule。

(5)将规则应用。在菜单栏中选择"Jtest"→"Test Configurations...",打开"Test Configurations"对话框,如图10-41所示。在"Test Configurations"对话框中,选择"User Defined"下需要添加规则的项,在右边展开的编辑界面中,选择"Static"标签页,然后选择"Rules Tree"标签页,通过点击"Import"按钮,打开"Import Rules"对话框,如图10-42所示。

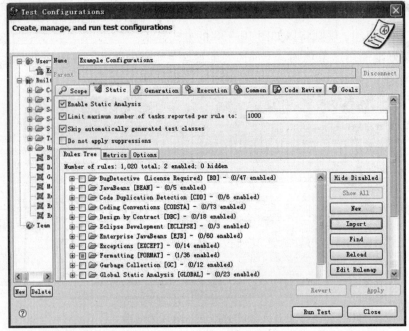

图10-41 Test Configurations对话框

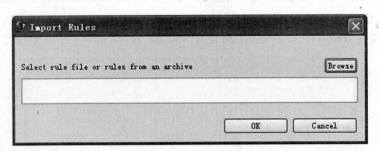

图10-42 Import Rules对话框

在"Import Rules"对话框中通过点击"Browse"按钮,打开加载文件的对话框,找到之前创建Rule文件的位置,将其加载进来,并且钩选添加进来项的前面的钩选框,如图10-43所示。

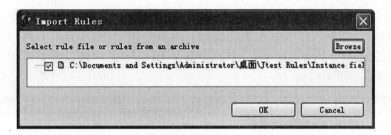

图 10-43　配置后的 Import Rules 对话框

点击"OK"按钮，这样新建的规则就会加载到"Rule Tree"中，如图 10-44 所示。

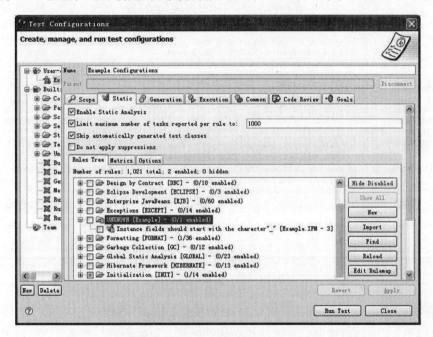

图 10-44　加载自定义 Rule 后的"Test Configurations"对话框

在"Rules Tree"中由于加载进来的规则没有在配置页面上配置，因此其信息显示 Unknown，那么可以通过点击"Edit Rulemap"，在弹出的对这个规则进行映射配置，如图 10-45 所示。

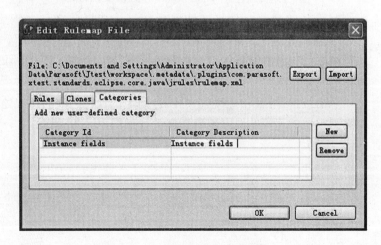

图 10-45　编辑文件映射对话框

当配置完成后，用户可以点击"Export"将配置的文件保存，以后如果需要使用，直接通过"Import"导入即可。所有配置完成后，可以点击"OK"按钮，关闭"Edit Rulemap File"对话框。在"Test Configurations"中的"Rules Tree"中用户可以看到配置后的规则类和其下的规则，如图 10-46 所示。

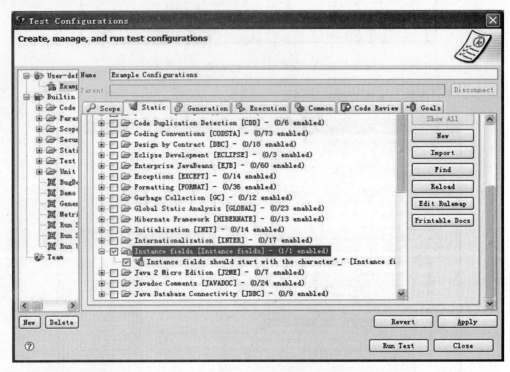

图 10-46　编辑后的规则

然后点击"Test Configurations"对话框中的按钮"Apply"，将配置应用，然后可点击"Close"按钮，关闭此对话框，下面使用新建的配置，对代码进行测试。

（6）打开工程，找到"jtest. demo. improveCoverage"包下的"IntFields. java"文件，使用刚刚配置好的规范，对此文件进行测试。选择此文件，然后依次打开菜单"Jtest"→"Test Using..."→"User defined"→"Example Configurations"，将自动化静态代码走查。执行测试后查看测试报告。点击"Jtest"→"Show View"→"Tasks"，可以看到如图 10-47 所示的测试结果。

双击被选择错误的信息，可以自动定位到代码中的违规处。在代码编辑器中，可以查看到定位的违规的地方被高亮显示，如图 10-48 所示。

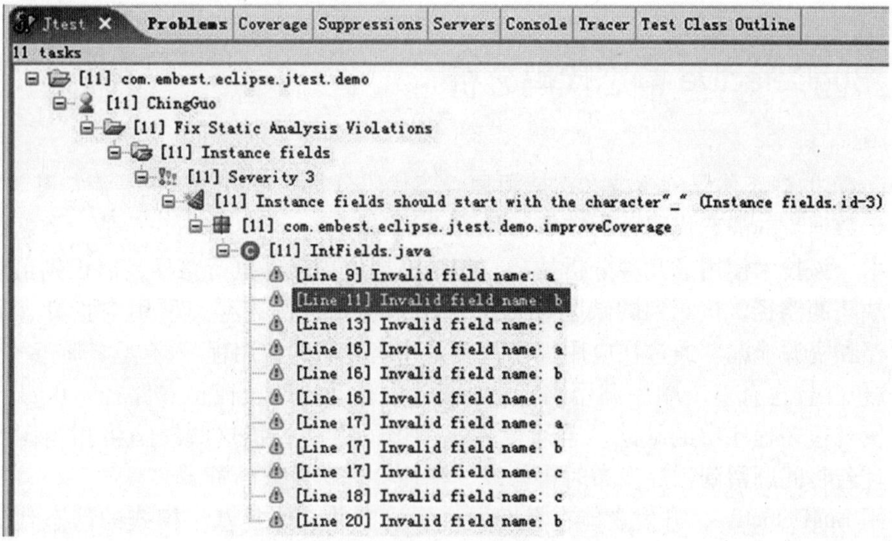

图 10 – 47　测试结果

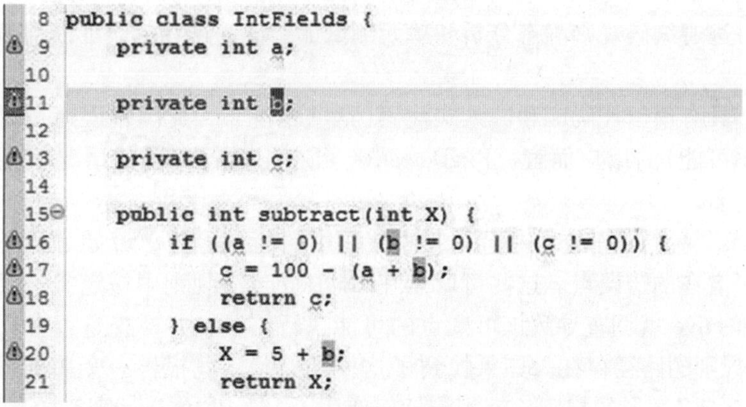

图 10 – 48　定位到代码中的违规之处

点击这行前面的提示图标，就可以查看错误提示信息，如图 10 – 49 所示。

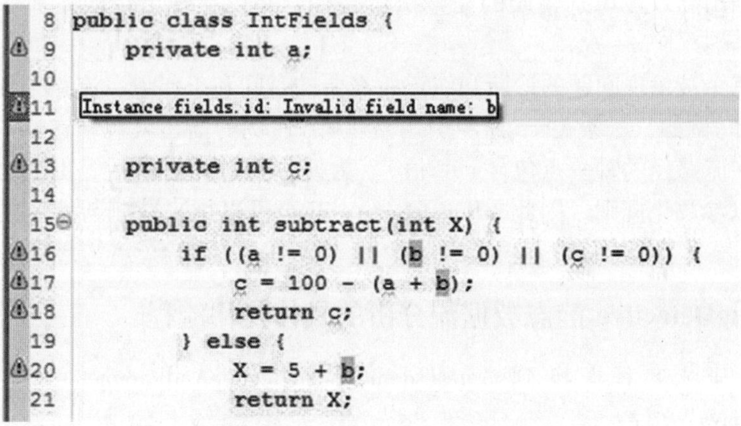

图 10 – 49　查看违规的警告信息

10.4 BugDetective 静态代码分析

Parasoft 的静态代码分析技术支持两种静态代码分析方法：基于数据流与基于模式。

基于数据流的静态代码分析技术被称为 BugDetective。BugDetective 是一类新的静态分析技术，该技术使用了几种分析技巧，包括模拟应用程序执行路径，以识别可能触发运行时缺陷的路径。检测到的缺陷包括：使用未初始化的内存、引用空指针、除数为零、内存和资源泄漏。通过在应用程序甚至是相当复杂的应用程序（包含跨越多个方法、类和/或包并且含有多个顺序调用路径的程序）中自动追踪及模拟其路径，BugDetective 能及时发现很多程序中的缺陷。若通过人工测试的方法查找这些缺陷将相当困难且耗时，并且若将问题留到程序发布时再修改，往往会耗费巨大的资源。

使用 BugDetective，开发者能在早期发现、诊断并且修复基于模式的静态代码分析和/或单元测试所不能检测到的软件错误。在早期发现这些缺陷能节省软件开发过程中花在诊断以及可能的重复工作上的大量时间。由于该分析涉及识别和跟踪复杂路径，它会暴露通常可逃避编码规则静态分析和单元测试的错误，这些错误难以通过手动测试或检查找到。

对于那些具有遗留代码库和嵌入式代码（这些情况下，此类错误运行时的检测效果较差或根本不可能）的用户而言，BugDetective 可在不执行代码的情况下显露错误的功能，就特别重要。

BugDetective 独特的静态分析通过搜索代码中的"可疑点"，开始分析正在测试的源码。可疑点是潜在的错误点。这些可疑点在 BugDetective 规则中被定义。只要识别了可疑点，BugDetective 就调查导致该可疑点的可能执行路径，并检查是否有任何确实违反 BugDetective 规则的路径存在。如果找到了这样的路径，就报告一个违例。例如，检测可能的"除数为零"情形的规则，就规定任何使用了"/"或"%"运算符的点都是可疑的。然后它检查分母中的变量，在导致它为零的任何可能执行路径的点中，是否能保持零值。如果是的话，则会报告一条错误。对于每个发现的错误，分层结构流路径数据都会详细准确地列出导致被识别错误的完整执行路径，并以显现出错误的那一代码行作为结束。

为减少每个被发现问题的诊断和纠正所需要的时间和工作量，流路径详细信息还会补充扩展注释（例如，一条关于"避免引用空指针"违例的描述就包含这样的注释，描述哪些变量、在流路径的哪一点包含 null 值）。为使分析过程更灵活、更适合于项目的独特要求，可以参数化规则。因此，BugDetective 甚至可以用来检测与特定的 API 使用相关的违例。

10.4.1 BugDetective 静态数据流分析的具体操作流程

（1）打开"工程"找到"jtest. demo. bugdetectiveAndParameteredTest"包下的"NullPointer. java"文件。

（2）在菜单栏中依次选择菜单"Jtest"→"Test Using…"→"Builtin"→"BugDetective（License Required）"，如图 10-50 所示。

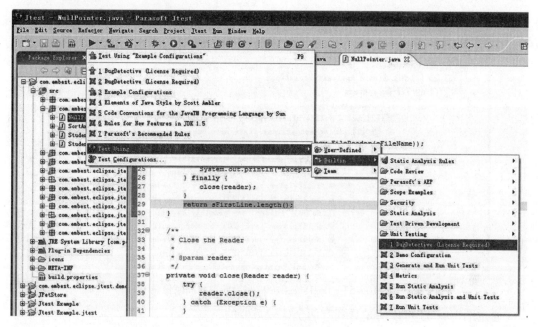

图 10-50　选择 BugDetective 菜单

开始 BugDetective 自动化检测，如图 10-51 所示。

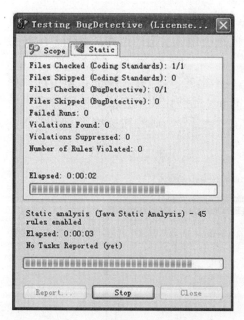

图 10-51　BugDetective 检测　　图 10-52　BugDetective 检测后的相关统计

（3）检测完成后，在这个对话框中可以查看相关信息，如图 10-52 所示。

(4) 在菜单栏中依次选择菜单项 "Jtest" → "Show View" → "Tasks"，在 Jtest 视图中依次展开节点，可以查看比较详细的 Error 信息，如图 10-53 所示。

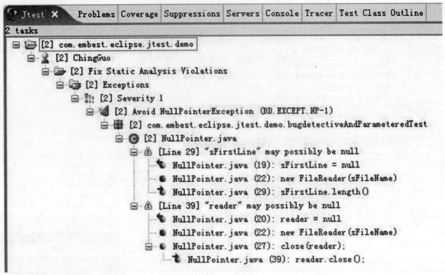

图 10-53 BugDetective 检测后发现的问题信息

通过图 10-53 可以清楚看到有两个比较重要的点：

① 冲突源点 (violation origin)：这是冲突的"根源"。通常，这是"错误数据"的发源地。例如，在空指针异常规则中，其冲突源点也就是空值的源头，本例子中的第 19 行和第 20 行。

② 冲突节点 (violation point)：这是对"错误数据"的使用导致在程序中产生缺陷的节点。在空指针异常这个例子当中，该点既是变量间接引用该空值的地方，本例子中的第 29 行和第 39 行。

(5) 右键单击报告中的冲突 (用黄色提示图标显示出的节点) 并在快捷菜单中选择相应的命令 (Show Violation Origin 或 Show Violation Point) 能够让用户方便地访问冲突源点以及冲突节点，如图 5-54 所示。例如，"空指针异常"规则的冲突将会弹出 "Show

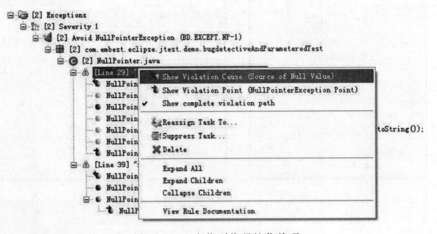

图 10-54 定位到代码的菜单项

Violation Origin”(赋空值处)和“Show Violation Point”(发生空指针异常处)命令来帮助用户理解代码中产生该异常的原因。

(6)用户也可以右键选择冲突源点和冲突节点，在弹出的菜单中选择“Go To”，即可定位到源代码中出错的位置，如图 10－55 所示。

[2] Severity 1
[2] Avoid NullPointerException (BD.EXCEPT.NP-1)
[2] com.embest.eclipse.jtest.demo.bugdetectiveAndParameteredTest
[2] NullPointer.java
[Line 29] "sFirstLine" may possibly be null
Go To
View Rule Documentation
NullPointer.java (25): System.out.println("Exception occured. " + e.toString());
NullPointer.java (27): close(reader);
NullPointer.java (29): sFirstLine.length()
[Line 39] "reader" may possibly be null
NullPointer.java (20): reader = null
NullPointer.java (22): new FileReader(sFileName)
NullPointer.java (27): close(reader);
NullPointer.java (39): reader.close();

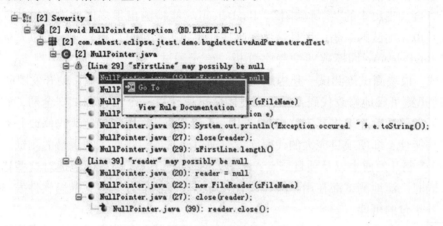

图 10－55　定位到代码的菜单项

(7)当然用户也可以双击 Jtest 视图中的冲突源点和冲突节点，来查看源代码中源点和节点的位置。

上述三种方法都可以定位到源代码中可能存在 Bug 的地方，如图 10－56 所示。

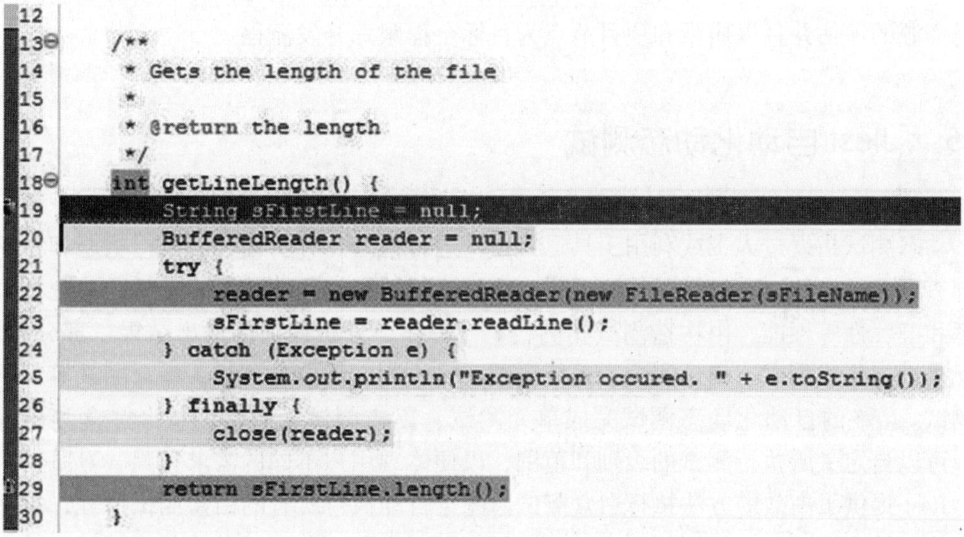

12
13 /**
14 * Gets the length of the file
15 *
16 * @return the length
17 */
18 int getLineLength() {
19 String sFirstLine = null;
20 BufferedReader reader = null;
21 try {
22 reader = new BufferedReader(new FileReader(sFileName));
23 sFirstLine = reader.readLine();
24 } catch (Exception e) {
25 System.out.println("Exception occured. " + e.toString());
26 } finally {
27 close(reader);
28 }
29 return sFirstLine.length();
30 }

图 10－56　定位违规代码

(8)由于第 19 行为变量 sFirstLine 对象赋值 null，那么在第 29 行就存在隐含的问题：当程序执行完 try 这个模块后，还存在 sFirstLine 为 null 的可能性，那么在第 29 行使用该对象的属性时，就抛出异常。

如果测试人员发现代码中隐含的 Bug，要及时通知软件开发人员。如果是开发人员发现，或者开发人员受到测试人员的报告，则应及时修正。

10.4.2　BugDetective 优越性

BugDetective 这种独特的数据流分析技术能帮助软件开发团队在不实际运行代码的情况下发现关键的运行时缺陷，同时，它还能验证单元测试用例所暴露出的缺陷是否是在运行时会表现出来的"实际缺陷"。BugDetective 能检测出很多能够逃避模式匹配静态分析以及单元测试的缺陷，而且这些缺陷往往也是人工测试以及检测所难以发现的。

当 BugDetective 同模式匹配静态分析、单元测试、在容器测试（针对 Java 而言）、API 测试、模块测试等测试一起构成完整的回归测试套件时，它能帮助开发团队：

（1）迅捷可靠地修改代码：帮助开发团队迅速建立一个回归测试安全网，它能在缺陷被引入代码后迅速地将其定位出来，并且还能帮助开发团队确定代码修改是否破坏了其既有功能性，即使项目庞大的代码库没有通过测试或只进行了很少量的测试。

（2）控制开发成本以及项目节点：尽早发现错误，以低成本迅速地对这些错误进行修复，同时广泛地测试潜在用户路径以查找难以发现的问题，避免推迟软件发布周期以及发布补丁包的可能。

（3）优化开发资源：自动纠正大约 80% 的编码问题，节约大量花在逐行审查代码以及调试上的时间，使开发者能更加着重于检查设计、算法以及实现等方面的问题。

（4）低风险地享受前沿技术带来的便捷：降低测试复杂的企业级程序的难度（如 SOA/Web 服务程序以及 Java EE 应用程序等）。

（5）获取对 Java 代码的质量以及完成程度有个可视化的报告：提供按需定制的客观代码资源的评估并且以质量和项目节点为目标全程跟踪开发流程。

10.5　Jtest 自动化动态测试

动态测试指通过人工或利用工具运行程序进行检查，分析程序的执行状态和程序的外部表现。动态测试通过运行被测程序，检查运行结果与预期结果的差异，并分析运行效率和健壮性等性能，由构造测试实例、执行程序、分析程序的输出结果三部分组成。单元测试、集成测试、确认测试、系统测试、验收测试、白盒测试、黑盒测试等都是动态测试。Jtest 的自动化动态测试完成单元测试、集成测试、白盒测试、黑盒测试等工作，可以自定义所执行测试的级别和范围，以便体现用户不同的需求和测试习惯。

Jtest 提供了高效的方法执行白盒测试。完全自动执行所有的白盒测试过程，自动生成和执行精心设计的测试用例。自动标记任何运行失败，并以一种简单的图示化结构显示。Jtest 允许定制白盒测试用例的生成，和在哪个层次上（项目、文件、类或方法）执行测试；Jtest 通过自动生成大量测试用例，向程序注入数据流，考察程序是否会由于非法数据的输入而产生异常，导致程序不可控，从而检测程序的坚固性。同时，Jtest 根据程序功能定义好每个入口，自动生成大量的功能性的测试用例，对程序进行功能测试，从而检测程序的功能。通过自动化黑盒测试的大部分操作，减轻了这类测试的负担。

10.5.1　自动化单元测试配置

（1）启动 Jtest 后，在菜单栏依次选择菜单项："Jtest"→"Test Configurations..."，在弹出的"Test Configurations"对话框的左边树形视图中，依次展开结点"Builtin"→"Unit Testing"，在"Unit Testing"结点下列出了 Parasoft Jtest 单元测试所有方法。如"Generate Unit Tests"，用来自动化生成单元测试用例；"Run Unit Tests"，用来自动化执行测试用例等等。

（2）在前面讲述静态测试时，对如何自定义和修改配置做了详细的讲述，这里使用自定义配置进行动态测试是一样的，不再赘述。

10.5.2　自动化生成并执行测试用例

下面讲述如何使用 Parasoft Jtest 的自动化单元测试功能。

（1）选定目标进行测试，用户可针对文件、包或工程进行测试。这里展开 jtest.demo，选择 jtest.demo.bugdetectiveAndParameteredTest 分支，选择 SortArrayList.java 文件。

（2）自动生成测试用例。打开菜单依次选择菜单项"Jtest"→"Test Using..."→"Builtin"→"Unit Testing"→"Generate Unit Tests"；开始针对要测试的源码生成单元测试用例，如图 10-57 所示。

此时运行后结果中并没有出现任何问题，如图 10-58 所示，此步骤可以和后面的相比较。

（3）在执行完成后，在工作空间中会生成在原来工程名后添加了[.jtest]的工程，如图 10-59 所示。

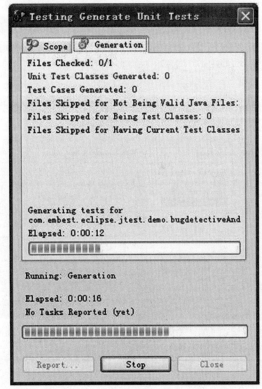

图 10-57　生成测试用例的过程

图 10-58　运行后结果

图 10-59 添加[.jtest]的工程

(4)用户可以通过在"Test Configurations"对话框中,复制此配置到"User-Defined"结点下,然后进行编辑修改配置:依次在编辑界面上选择标签页"Generation"→"Test Class",如图 10-60 所示。

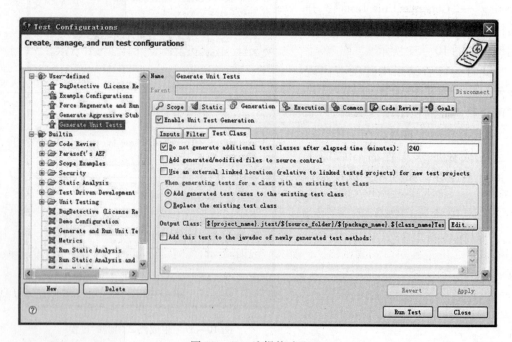

图 10-60 编辑修改配置

(5)在 Test Class 中可以进行对生产的用例进行配置,对输出的 Class 进行的名称或路径需要修改,可以通过点击选择按钮"Edit..."打开对话框"Edit Pattern for Unit Test

Classes",如图 10-61 所示。进行修改编辑,在每个参数的编辑框中可以通过点击按钮"Add Variable"在打开的对话框"Add Variable"中选择抽取对应的参数,如图 10-62 所示。

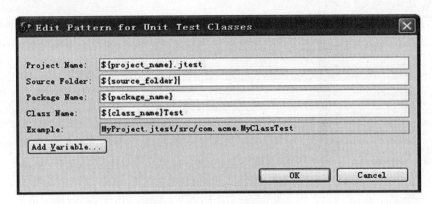

图 10-61　用例参数的编辑

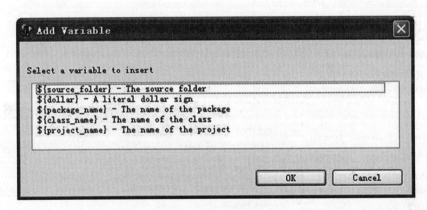

图 10-62　添加参数

(6)依次展开生成的工程,工程包和文件都是遵照之前的配置生成的,其中文件 SortArrayListTest.java 为生成的用例文件。打开生成的用例文件 SortArrayListTest.java,如图 10-63 所示。

(7)在生成的测试用例中,用户可以查看到对于被测文件的每个方法,都会根据不同的条件,产生相对应的测试用例。如果用例中出现一些 exception,会以注释的方式出现相对应的用例处,以提示用户。另外用户可以在"Test configurations"中将"Run Unit Tests"或"General and Run Unit Tests"复制到"User Defined"结点下进行设置,通过选择标签页"Execution"→"Severities",打开"Severities"标签页,如图 10-64 所示。

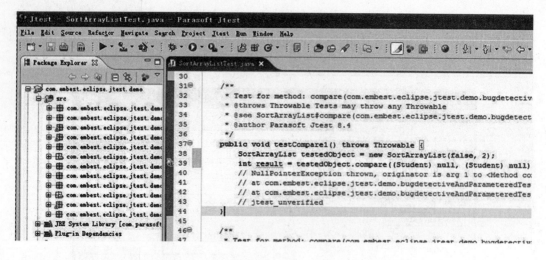

图 10-63 生成的用例文件 SortArrayListTest.java

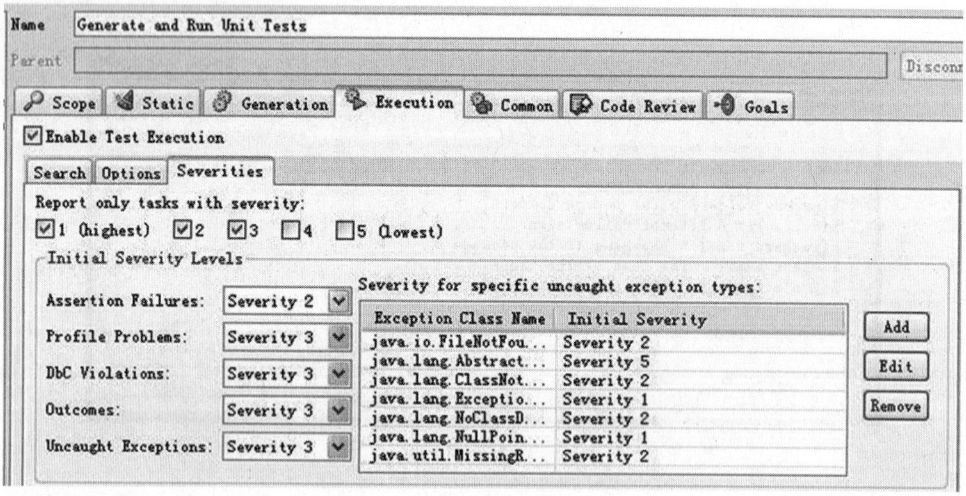

图 10-64 Severities 标签页

（8）在 Initial Severity Levels 组中，点击"Add"按钮，打开"Specify exception and severity"对话框，在"Exception"文本框中输入"java.lang.NullPointerException"，然后在 Severity 组合框中设置安全等级，这里设置为"Severity 1"，如图 10-65 所示。

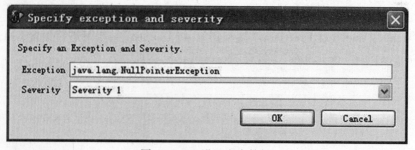

图 10-65 设置安全等级

完成后点击"OK",在关闭"Test Configurations"对话框之前,点击按钮"Apply",将先编辑的配置应用。再次选择被测文件,使用配置的测试规则进行测试,使用"Run Unit Tests"再次进行测试。测试完成后,在 Jtest 视图中查看测试结果,如图 10 – 66 所示。

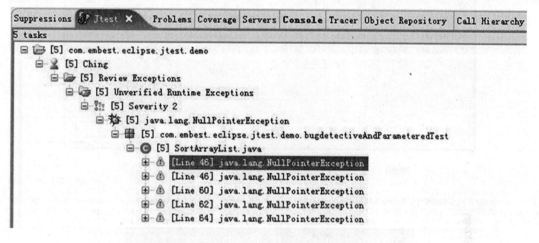

图 10 – 66　设置安全等级

10.5.3　提取参数化的测试用例

(1)在生成测试用例后,用户还可以在生成的对应测试工程中右键选择测试文件 SortArrayListTest.java,在打开的菜单中依次选择菜单项"Jtest"→"Extract Parameterized Test Case",如图 10 – 67 所示。

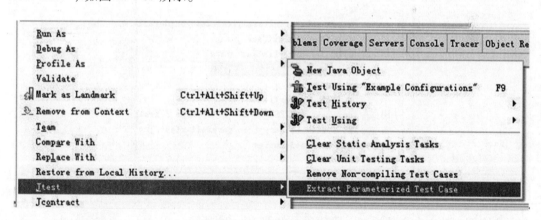

图 10 – 67　选择参数化测试

(2)打开"Test Case Parameterization"对话框,选择通过生成含有探索和边角用例值的 Excel 工作簿,如图 10 – 68 所示,如果不需要其他配置直接使用默认配置点击"Finish"按钮。

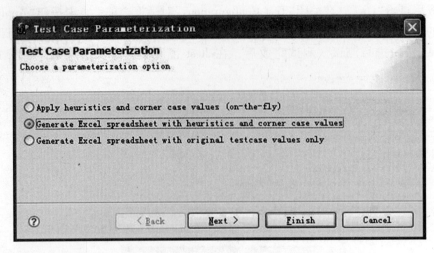

图 10-68 生成含有探索和边角用例值的 Excel 工作簿

完成后在测试用例的目录中生成 Excel 文件,如图 10-69 所示。

图 10-69 生成 Excel 文件

在用例文件中会自动添加一段代码,如图 10-70 所示。

```
/**
 * Test suite for method: compare(com.embest.eclipse.jtest.demo.bugdetectiveAndParameteredTest.Student,
 * @see SortArrayList#compare(com.embest.eclipse.jtest.demo.bugdetectiveAndParameteredTest.Student,com.emb
 * @author Parasoft Jtest 8.4
 */
public static junit.framework.Test suiteCompare2() throws Exception {
    return jtest.PT
        .getExcelInputTestSuite(
            SortArrayListTest.class,
            "testCompare2",
            SortArrayListTest.class
                .getClassLoader()
                .getResource(
                    "com/embest/eclipse/jtest/demo/bugdetectiveAndParameteredTest/SortArrayListTest.xls"),
            true, // first row is always a header row
            0,
            new String[] { "selAac", "sel" });
}
```

图 10-70 生成用例文件

（3）将文件保存，选择菜单"Jtest"→"Test Using"→"Builtin"→"Run Unit Tests"，测试结果如图 10-71 所示。

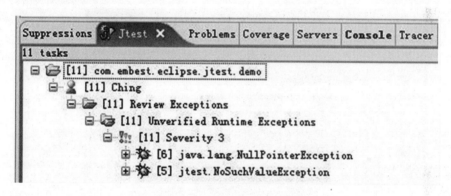

图 10-71 参数化测试结果

小　结

Jtest 是一个自动化编码错误预防产品，它能自动进行 Java 单元测试和编码标准兼容性检查，从而帮助开发者在更短的时间内开发出更可靠的代码。Jtest 通过对类进行分析，然后生成 JUnit 格式的测试用例并自动执行，这能为开发者提供大化的代码覆盖率，并能查找到隐蔽的运行时异常以及验证需求。通过扩展测试用例以及使用 JUnit 测试用例，还能进行其他的附加测试。Jtest 还会检查代码是否符合近 800 多条的编码标准规则（以及任意附加的用户自定义规则），并能自动修复大多数查找到的规则冲突。只需点击一下鼠标，开发者就能方便地定位并防止类似于隐蔽的运行时异常、功能性错误、内存泄漏、性能问题以及安全性漏洞等问题的发生。

BugDetective 独特的静态分析通过搜索代码中的"可疑点"，开始分析正在测试的源码。可疑点是潜在的错误点。这些可疑点在 BugDetective 规则中被定义。只要识别了可疑点，BugDetective 就调查导致该可疑点的可能执行路径，并检查是否有任何确实违反 BugDetective 规则的路径存在。

通过 Jtest 测试人员首先使用工具对待测代码自动生成测试用例，然后自动化执行测试用例。此类测试可暴露意料之外的异常，并检查类在结构方面是否合理，有助于测试人员在早期发现程序存在的问题，并提高程序的坚固性。